超時短 Lightroom Classic

RAW現像と補正 速攻アップ！

Lightroom Classic CC v7.1: Enhanced 'Auto' to automatically apply the best edits in your photos / Removal of individual samples within color range masking / Quick selections with Color and Luminance Range Masking / Auto-masking with better noise reduction by updating to Process Version 4 under Camera Calibration / Filter Criteria in Smart Collections: Title and Lens Profile / Metadata preset for the export dialog – All Except Camera Raw Info / Filter Criteria in the Import dialog – File Type / and so much more...

藤島 健 著

技術評論社

ご購入・ご利用前に必ずお読みください

●本書記載の情報は、2018年2月5日現在のものになりますので、ご利用時には変更されている場合もあります。また、ソフトウェアはバージョンアップされる場合があり、本書での説明とは機能内容や画面図などが異なってしまうこともあり得ます。本書ご購入の前に必ずソフトウェアのバージョン番号をご確認ください。

● Lightroom Classic については、執筆時の最新バージョンであるCC v7.1に基づいて解説しています。

● Adobe 社の提供する Lightroom CC と Lightroom Classic CC は異なります。操作体系や使える機能に違いがありますので、本書の解説は Lightroom CC ではそのまま適用できません。お間違えないようにご注意ください。

●本書に記載された内容は、情報の提供のみを目的としています。本書の運用については、必ずお客様自身の責任と判断によって行ってください。これらの情報の運用の結果について、技術評論社および著者はいかなる責任も負いかねます。また、本書の内容を超えた個別のトレーニングにあたるものについても、対応できかねます。あらかじめご承知おきください。

●サンプルファイルの利用は、必ずお客様自身の責任と判断によって行ってください。これらのファイルを使用した結果生じたいかなる直接的・間接的損害も、技術評論社、著者、プログラムの開発者、ファイルの制作に関わったすべての個人と企業は、一切その責任を負いかねます。

以上の注意事項をご承諾いただいた上で、本書をご利用願います。これらの注意事項をお読みいただかずに、お問い合わせいただいても、技術評論社および著者は対処しかねます。あらかじめ、ご承知おきください。

はじめに

Adobe Photoshop Lightroom Classic（以下Lightroom）はデジタルカメラのRAWデータを管理したり、現像処理するためのソフトウェアです。ほぼすべてのメーカーのRAWデータを扱え、新機種が登場したときにはアップデートで対応されるのでさまざまなカメラのRAWデータを取り扱うことができます。また、PSD、TIFF、JPEGのような画像データにも対応しているので、写真画像の統合管理にも重宝する仕様になっています。
メインの機能であるRAW現像と呼ばれる処理においても非常に豊富なパラメータが用意されているので、頭の中にあるイメージ通りに写真を仕上げていくことができますが、機能が豊富なためにどう現像処理したらいいか迷ってしまうこともあるかもしれません。本書では、余計な時間を省いて効率よく作業できるように、シチュエーションごとの効果的な現像処理パラメータや、プリント時の時短のためのヒントなどを紹介しています。
豊富な機能のすべてについて触れているわけではありませんが、現像処理や画像管理など、おもだった作業の効率アップに役立つと思いますので、ワークフロー確立のための参考としてください。

2018年1月

藤島 健

効率のいい作業環境を整える

[快適に作業できることが時間の短縮になる]

Lightroom Classic は写真データ、しかもデジタルカメラの RAW データをおもに扱います。近年のデジタルカメラは高画素化が進み、それに伴って1枚の写真の RAW データの容量が大きくなったので、作業環境にもそれなりのものを用意したほうがいいでしょう。ここでは快適な作業環境を作るために用意しておきたいものをいくつか紹介します。しかし、すべてを揃えなければならないというわけではなく、自分で重要だと思うところから揃えていくといいでしょう。

周辺環境に注意が必要

写真の現像処理を行なう際には、正確な色や明るさで写真を見ることが必要です。そのためには作業環境にも気を配る必要があります。まず、モニタにはフードを取りつけるようにして、周囲の光源の光が当たらないようにします。これによって常に一定の光の状態でモニタを見ることができるようになります。
モニタの設置場所にも注意が必要です。作業するときに背後に窓がくるような場所に設置してしまうと、日中には外の明るい光が入り込んで色が浅く見えてしまい、暗くなってからは写真が明るく見えすぎてしまうという不安定な状況になってしまうので避けなければいけません。明るさや発色を安定させるためには、最低限この2つはなんとかしたいところです。

モニタに取り付けるフードは、専用品が用意されているモニタもありますが、段ボールなどの軽くて工作しやすい材料を使って自作することもできます。その際には黒い素材を使うようにしましょう。写真はEIZOのモニタに用意されている専用フードです。自作の場合はこの形状をまねて作るといいでしょう。

モニタの色再現を整える

モニタが正確な色再現をしているかということも写真現像には重要なポイントです。自分の環境だけで見たり、所有しているプリンターで出力するだけなら気にしなくてもいいですが、仕事として写真を扱う場合には、現像の時点で色再現に注意する必要があります。

モニタの表示は、一般的に事務作業に合わせてあるので、青味が強い発色に設定されています。写真を扱うには向いていませんので、正確な色再現ができるように、モニタのキャリブレーションを行なうようにしましょう。そのためには発色が安定していて、調整で色を追い込むことができる、ある程度のクラスのモニタを用意したいところです。

本格的に写真のレタッチを仕事として毎日のように行なうのであれば、色再現性に優れたモニタがおすすめ。後述するキャリブレーション機能を搭載している製品もあります。写真のEIZO ColorEdge CS2420は、オプションでキャリブレーションセンサーも用意されているので、モニタのキャリブレーションがはじめてという人にも向いています。

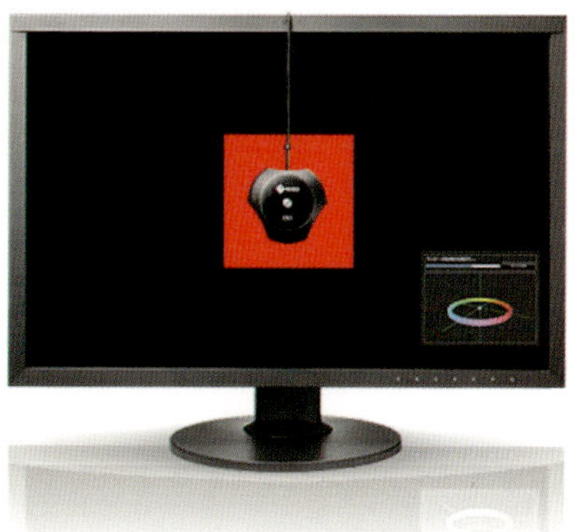

モニタのキャリブレーション

モニタのカラーキャリブレーションを行なうと、正確な色で写真を見ることができるようになるので、現像処理で色の補正などが正しく行なえるようになります。モニタのキャリブレーションは手動で行なうこともできますが、専用のツールを使うことで簡単に行なうことができます。モニタは使用していると経年劣化で色表示も徐々に変わってくるので、定期的にキャリブレーションを行なう必要があります。毎回手動で行なうのは現実的ではないので、専用ツールを導入するといいでしょう。

モニタキャリブレーションツールはいくつかのメーカーからでています。写真はX-rite社のi1 Display Proです。

datacolor社のSpyder5シリーズは用途に合わせて3シリーズがラインナップされています。レタッチする写真を使うのがWebだけであればSpyder5EXPRESSを、印刷原稿を制作するならSpyder5PROを選ぶといいでしょう。

マルチモニタが便利

Lightroom での作業時には、検索や現像処理を行なうためのメインモニタと、常に全体を表示しておいたりすることができるサブモニタがあると便利です。写真を読み込んで選択していくときに、メインの画面では一度に多くの写真を表示しておき、サブモニタではそのとき選択している写真を大きめに表示して全体をしっかり確認したり、ルーペ表示で100%にしてピントをチェックしたりという使い方ができます。ごく普通のクオリティのものでもいいので、サブモニタはできれば用意しておくといいでしょう。

メインのモニタにはグリッド表示でサムネールを複数表示し、サブモニタでは1:1でピントをチェックしている状態です。このようにサブモニタがあるとメインの画面でいちいち表示モードを変えずに次へと進んでいけるので効率よく作業を進められます。

高速な周辺機器を揃える

Lightroom での現像処理時に問題になるのが、各機器の動作速度です。もちろん作業の要となるPC 自体にもできるだけスペックが高いものを用意したいですが、RAW データを保存する記憶媒体もできるだけ高速なものを使いましょう。
RAW データのカタログへの読み込み時の時間も短縮しましょう。カメラの記録メディアからPC や専用の外部記憶装置にコピーする際も、写真の枚数が多くなればその分コピーにかかる時間も延びていきます。高速な読み込みができるカードリーダーを用意しておきましょう。

写真は高速なデータ転送ができるトランセンドのUSB 3.1カードリーダー「TS-RDF9K」です。カードリーダー購入時には、データ転送速度だけを気にするのではなく、自分のカメラで使用しているメディアが対応しているかも確認しましょう。

キー表記について

本書ではMac を使って解説をしています。掲載したPhotoshop の画面とショートカットキーの表記はmacOS のものになりますが、Windows でも（小さな差異はあっても）同様ですので問題なく利用することができます。ショートカットで用いる機能キーについては、Mac とWindows は以下のように対応しています。本書でキー操作の表記が出てきたときは、Windows では次のとおり読み替えて利用してください。

Mac		Windows
⌘（command）	=	Ctrl
Option	=	Alt
Return	=	Enter
Control ＋クリック	=	右クリック

Contents

作例写真について

本書で使用している作例写真の一部を提供しております。弊社ウェブサイトからダウンロードできますので、以下のURLから本書のサポートページを表示してダウンロードしてください。その際、下記のIDとパスワードの入力が必要になります。

http://gihyo.jp/book/2018/978-4-7741-9602-2/support

[ID] jitanps　　[Password] rawgenzo

ダウンロードした写真は著作権法によって保護されており、本書の購入者が本書学習の目的にのみ利用することを許諾します。それ以外の目的に利用すること、二次配布することは固く禁じます。また購入者以外の利用は許諾しません。不正な利用が明らかになった場合は対価が生じますことをご承知おきください。

RAW画像ファイルについて

容量を圧縮するためおもにAdobe社の提唱するDNG形式で提供しております。ほかにCR2（キヤノン）、NEF（ニコン）、TIFの各形式、およびJPEGデータも含まれます。

Lightroomの現像プリセットファイルについて

Part2・3・4のTipsの現像処理の最終状態をプリセットにしたものです。なお、プリセットに記録されない［切り抜き］ツール・［スポット修正］ツール・［補正ブラシ］ツールを利用したTipsのプリセットはありません。現像設定プリセットの「.lrtemplate」ファイルは、下記フォルダーにコピーしてLightroomを再起動すると現像モジュールのプリセット一覧に表示されます。

●Macの場合

~/Library/Application Support/Adobe/Lightroom/Develop Presets

●Windowsの場合

C:¥Users¥（ユーザー名）¥AppData¥Roaming¥Adobe¥Lightroom¥Develop Presets

ダウンロードしたファイル以外の写真の提供のご要望には一切応じられませんのでご承知おきください。写真提供のない項目でも類似の代替写真を用いて操作を試すことは可能です。任意のサービスですのでファイルの取得から利用までご自身で解決していただき、ダウンロードに関するお問い合わせはご遠慮ください。

［Part］

データ読み込みと管理のワザ

Tip 01

大切な写真の保存場所を固定しよう

[保存場所の適切な選択が写真現像の第一歩]

高速・大容量の記憶媒体を、2台あれば理想的

カメラの高画素化によって、RAW データは1枚あたりのファイルサイズが10MB単位になっています。撮り溜めていくとあっという間にPC 内蔵の記憶媒体がいっぱいになってしまうので、外づけの記憶媒体を写真専用の保存場所として用意したほうがいいでしょう。作業中の処理速度を求めるならSSD が理想ですが、まだまだ大容量のものは高価なので、できるだけ読み書きスピードの速いハードディスクを選ぶと快適な作業が行なえます。

記憶媒体が壊れるとオリジナルのRAW データは二度と戻ってきません。念には念を入れて同じ容量のハードディスクを2台用意し、バックアップとして同じデータを保存しておくと安心です。DVD やブルーレイディスクなどに保存して、作業するときだけPC の記憶媒体にコピーするという方法もありますが、新たに加えた編集結果を上書き保存することができないのが難点です。

RAWデータの保存場所には大容量で高速なハードディスクを選びましょう（写真はバッファロー「HD-GD8.0U3D」）。

SSDはUSBメモリなどと同様にメモリチップに保存するため高速な読み書きが可能ですが、同容量のハードディスクと比較するとまだまだ高価です。予算に余裕があるのであれば大容量のSSDを使用するといいでしょう（写真はバッファロー「SSD-PL960U3-BK」）。

(Point)

データの消失を防ぐ方法には、RAID（レイド）と呼ばれる機能を使って安全性を高めることもできます。RAIDについての詳しい説明は省きますが、この機能を持つ製品は同容量の外付けハードディスクより割高になってしまうので、予算に余裕がある場合や、仕事で写真を扱っていてデータ消失があってはならない現場などで導入するといいでしょう。写真はバッファローのRAID対応ハードディスク「HD-QL4TU3/R5J」です。

メディアからの読み込み時は[コピー]を使う

すでにハードディスクなどの記憶媒体に保存したRAWデータをカタログに読み込む際はいいですが、カメラで使用していた記録メディアから直接カタログに読み込むときは［移動］や［追加］ではなく［コピー］を使いましょう。フォルダー分けが必要な写真はカタログに読み込んでから行ないます。すべての作業が完了したら、メディアはカメラに戻して初期化するといいでしょう。

1 記録メディアからの読み込みでは[コピー]❶が万一を考えると安心です。[保存先]パネルの[整理]を[元のフォルダー]にしておき❷、記録メディアのフォルダー構造そのままでハードディスクなどのデータ保存用に用意した記憶媒体に読み込みます。

2 ライブラリモジュールに戻ると、左側の[フォルダー]パネルに読み込んだフォルダーが追加されています(使用しているカメラのメーカーによって変わりますがここでは「DCIM→100EOS1D」)。フォルダー分けする必要がある写真は、そこから目的のフォルダーに移動したり、新たなフォルダーを作るなどして整理します。

Tip 02

読み込み時にプレビューを生成しよう

カタログへの読み込み時に自動で行なえば一手間減らせる

プレビューは現像処理を行なう際に調整結果を表示するために必要な画像です。カメラがRAWデータに埋め込んだプレビューはカラーマネージメントされていませんが、Lightroomが生成するプレビューはカラーマネージメントされた高画質な画像です。ピントのシビアなチェックにも必要で、最初のセレクトを行なう際にはあったほうがよいので、必ず作る癖をつけておくといいでしょう。
プレビューはライブラリモジュールで作ることができますが、読み込みと同時にプレビュー生成も行なうように設定してしまえば、その手間を減らせます。

1 ライブラリモジュールの[ライブラリ]メニューの[プレビュー]からプレビューの生成は可能ですが、ピントのチェックを行なうために、読み込み時にすべてのプレビューを作ってしまうといいでしょう。

2 読み込みと同時にプレビューを作成するには、読み込みウィンドウの[ファイル管理]パネルで設定します。[プレビューを生成]で[1:1]を選択すると、ピントチェックがきちんと行なえる100%サイズのプレビューが生成されます。Lightroomが独自に生成するのは[標準]と[1:1]の2種類です。[標準]はPCの画面解像度に応じて解像度が設定されます([カタログ設定]で変更が可能。Point参照)。

3 [読み込み]をクリックして写真の読み込みをスタートすると、ライブラリモジュールが表示され、モジュールピッカーの左にプログレスバーが表示されます。まず最初に読み込みの進行具合が表示されて❶、読み込みが完了すると続いてプレビュー生成中のプログレスバーが表示されます❷。時間がかかりますので、このプログレスバーが消えるまで、ほかの作業を行なうなどして時間を有効に利用しましょう。

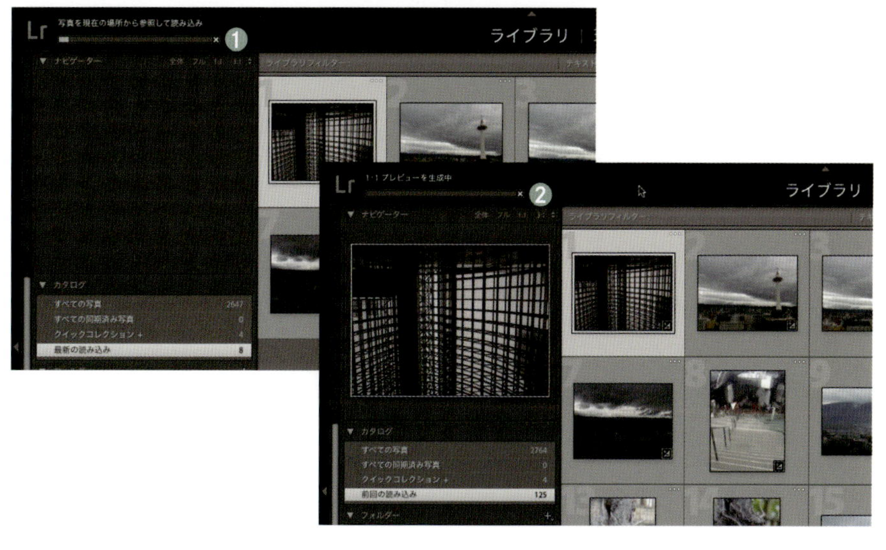

(Point)

プレビューはカタログファイルと一緒にプレビューファイルとして保存されるので、写真の数が多くなればその分ファイルのサイズか大きくなっていきます。頻繁に撮影をしていると、あっという間にカタログがある記憶媒体が一杯になってしまうということもありえます。そこで、ピントチェックのような100%表示での作業が完了したら、[1:1]のプレビューは削除することをおすすめします。

毎回作業のあとで削除するのは面倒なので、一定期間で削除されるように設定しておくと便利です。[Lightroom](Windowsは[編集])メニューの[カタログ設定]で、[ファイル管理]にある[1:1プレビューを自動的に破棄]という設定を、一定期間で破棄されるようにしておきます(初期設定は[30日後])。1日ですべての写真のチェックが終わらないこともあるでしょうから、[1週間後]あたりに設定しておくといいでしょう。

[カタログ設定]では標準プレビューのサイズや画質も設定できますが、これもサイズを大きくしたり画質を高めたりするとカタログファイルのサイズが一気に大きくなっていくので気をつけましょう。

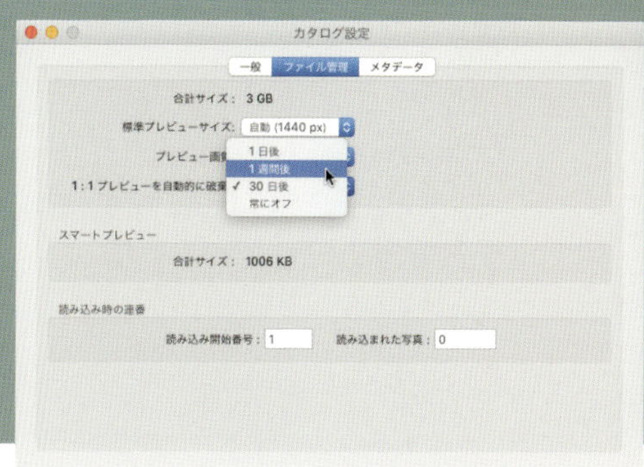

[現像設定]で読み込み時に調整を適用する

必ず行なう調整は読み込み時に適用してしまう

写真の読み込み時に［現像設定］を使うと、現像モジュールで行なうさまざまな調整を自動で適用することができます。1枚ずつ違う調整が必要になる露出や色調などの項目の自動適用は現実的ではありませんが、レンズのプロファイル補正のようにすべての写真に必ず行なう項目は、自動化してしまうと手間が省けて便利でしょう。また、建物の傾きやゆがみの補正などのように、ある程度まとまった写真に適用することがある項目にも利用すると、読み込み後の補正作業の手間がひとつ減るので作業効率がアップします。
読み込み時に調整を自動適用するためには、まずどれか1枚を使って現像モジュールでユーザープリセットを作成します。それ以降は［読み込み］ウィンドウでそのプリセットを選択して読み込みを実行するだけです。

1 レンズのプロファイル補正のプリセットを作ります。現像モジュールをアクティブにして右側パネルをスクロールし、[レンズ補正]パネルを展開して表示します。[プロファイル]の[色収差を除去]❶と[プロファイル補正を使用]❷の両方にチェックを入れます。

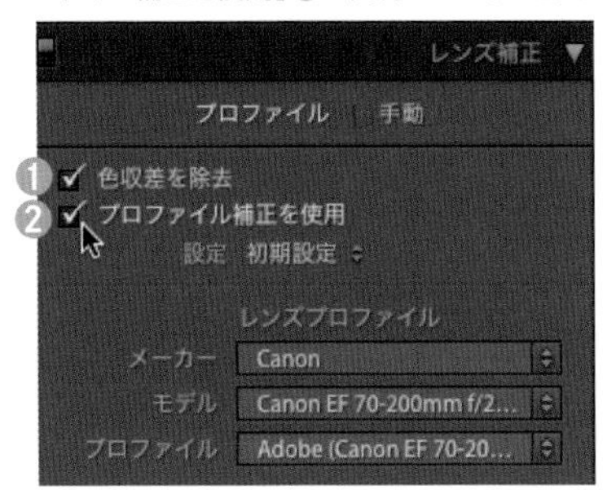

2 [設定]では[自動]を選択します❶。Lightroomが撮影で使用したレンズのプロファイルを持っていれば、自動的に適したプロファイルが選択されて[レンズプロファイル]部分の表示が変わります❷。正しいプロファイルが選択されない場合や、プロファイルが見つからなかった場合は[メーカー][モデル][レンズプロファイル]のメニューを手動で設定します。

3 プロファイル補正の設定ができたら、左側の[プリセット]パネルの[+]をクリックして[現像補正プリセット]ダイアログボックスを表示します。

4 余計な補正が加わらないように、[チェックしない]をクリックして保存される設定をすべて解除します❶。[処理バージョン]はチェックが外れませんが、ここは問題ないのでこのままで構いません。そのあと[レンズ補正]だけをチェックして❷プリセットに登録されるようにします。

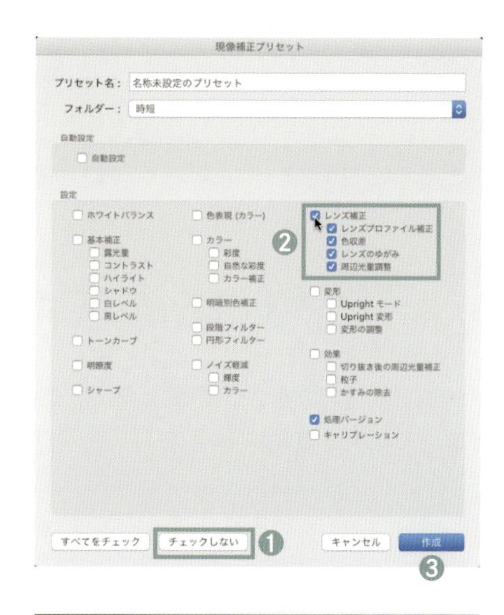

5 プリセット名をわかりやすくつけて保存します。ここでは「レンズプロファイル補正」と入力して[作成]をクリックします❸。

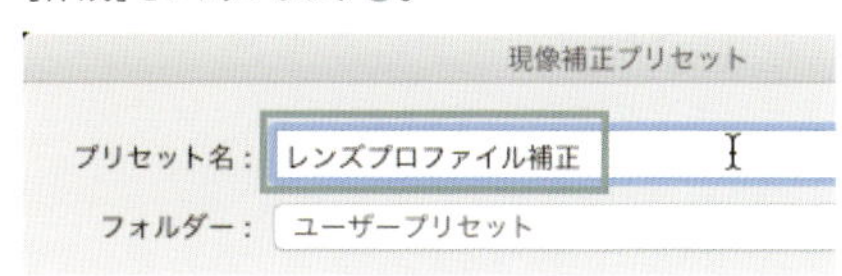

6 [プリセット]パネルの[ユーザープリセット]を確認すると、作成したプリセットが保存されています。同様にしてほかにも用途に合わせた自動適用のプリセットを用意しておくといいでしょう。

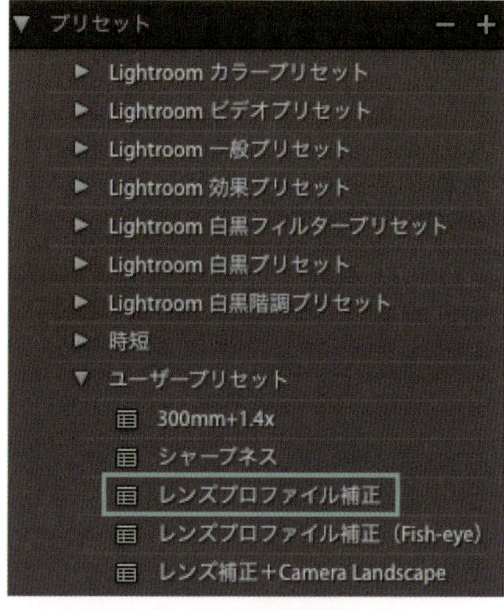

7 [読み込み]ウィンドウの[読み込み時に適用]パネルにある[現像設定]プルダウンメニューをクリックすると、保存されているプリセット一覧が表示されます。先ほど保存した[User Presets]→[レンズプロファイル補正]を選択して[読み込み]を実行すると、すべての写真にレンズプロファイル補正が自動で適用された状態で読み込まれます。

定型の読み込み処理をプリセットで管理する

[読み込みオプションをまとめて管理できる]

[読み込み] ボタンで表示されるウィンドウでは、右側の [ファイル管理] パネルでTip02の [プレビューの生成] などを、[読み込み時に適用] パネルでTip03の [現像設定] などを指定できます。記録メディアから写真を [コピー] や [移動] する場合は、加えて [ファイル名の変更] と [保存先] パネルで、これらの条件を細かく指定することができます。
読み込み時に必ず使用する、これらの読み込みオプションをまとめて設定した状態で [読み込みプリセット] を作成しておくと、さらに読み込み処理を効率よく行なえます。読み込み時にいくつか異なるオプション設定を使い分ける場合には、プリセットを複数用意しておいて切り替えれば設定を間違えることもなくなるので活用しましょう。

1 右側のパネルで必要な読み込みオプションを設定します。[ファイル管理]パネルで[プレビューを作成]を[1:1]にします❶。[読み込み時に適用]パネルでは[レンズプロファイル補正](Tip03参照)を指定します❷。さらに、ここでは[メタデータ]に著作権者情報を埋め込む[copyright]というプリセットをあらかじめ新規作成しておいて、それを指定しています❸。

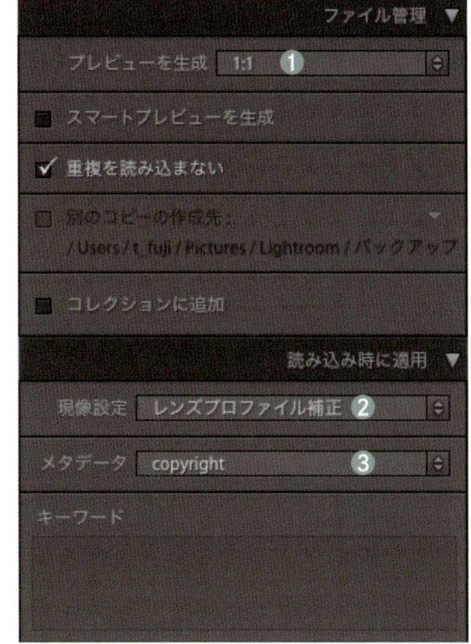

2 ウィンドウ下部の[読み込みプリセット]のポップアップメニューをクリックして[現在の設定を新規プリセットとして保存]を選択します。

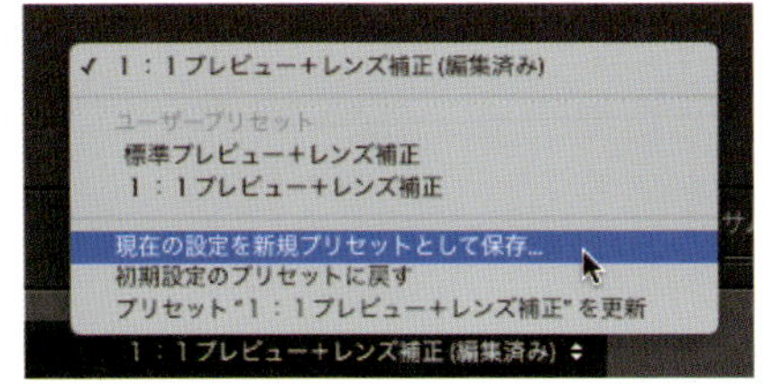

3 設定した読み込みオプションがわかりやすい名前をつけてプリセットを保存します。保存するといま作成したプリセットがアクティブになります。

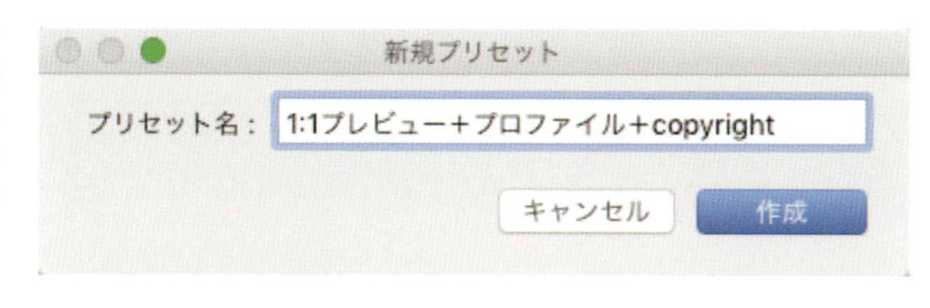

4 ［読み込みプリセット］に作成したプリセットが追加され、必要に応じて読み込み時の処理を簡単に切り替えることができます。

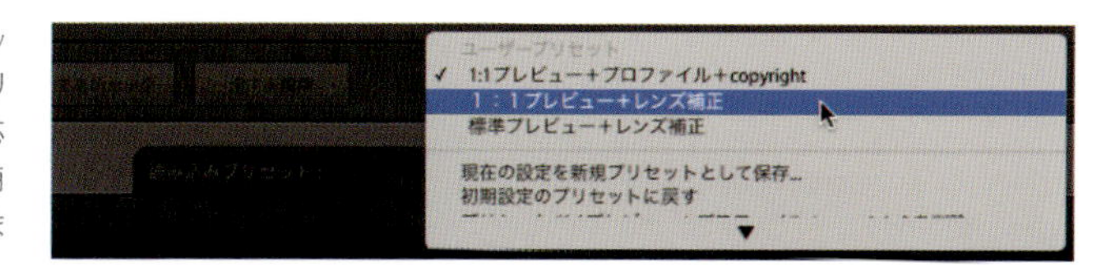

5 作成したプリセットが選択された状態で［ソース］を選択し、［読み込み］ボタンをクリックすると、読み込まれた写真にすべて同じ処理が適用されます。ここでは、1:1のプレビューが作成され、レンズプロファイル補正が適用され、メタデータに著作権者情報が追加されます。

［Point］

プリセットの削除や名前の変更は、処理したいプリセットをアクティブにした状態で、ポップアップメニューをクリックし、［プリセット（プリセット名）を削除］か、［プリセット（プリセット名）の名前を変更］を選択します。

ユーザープリセット
1:1プレビュー＋プロファイル＋copyright
1：1プレビュー＋レンズ補正
✓ 標準プレビュー＋レンズ補正
現在の設定を新規プリセットとして保存...
初期設定のプリセットに戻す
プリセット "標準プレビュー＋レンズ補正" を削除...
プリセット "標準プレビュー＋レンズ補正" の名前を変更...

カタログは分けるべきか

↓

[仕事で使うならクライアントごとに分けてトラブルを防ぐ]

Lightroomのカタログには登録枚数の制限はありません。初期のころのLightroomでは大量の写真をカタログに登録すると動作が遅くなるという問題がありましたが、現在はよほどの枚数を登録しなければ気になるほど遅くはならないでしょう。また、PCの処理速度の向上もあるので、基本的にはひとつのカタログにすべての写真を登録しても問題ありません。
しかし、仕事で利用するのであれば、あるクライアントの仕事で撮影した写真を別のクライアントの仕事に使うことはないでしょうから、クライアントごとにカタログを分けておくと便利でしょう。カタログが分かれていれば、同じファイル番号になっている別クライアントの写真が検索で間違えてヒットしてしまうようなトラブルは未然に防ぐことができます。

1 カタログはLightroomで作業するために読み込んだ写真の場所などを管理するデータベースです。同時にプレビューデータが保存されるファイルが作られ、この2つがセットになっています。カタログは初回起動時に自動的に作成され、初期設定では「Lightroom」というフォルダー内に「Lightroom Catalog」という名前で作られます。

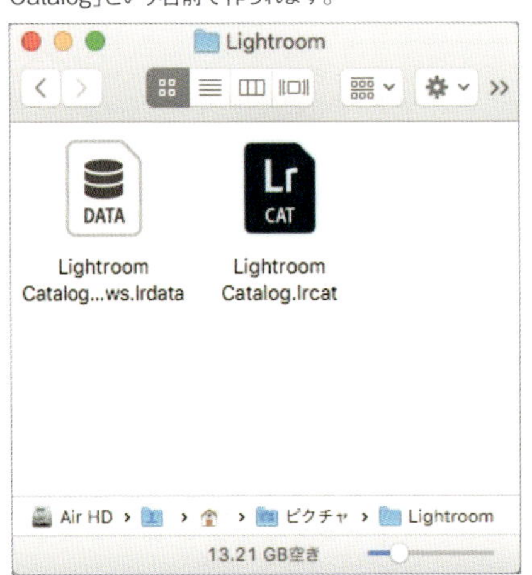

2 「.lrcat」はカタログのデータベースになるファイルです。このカタログには10万枚単位の写真が保存されていますが、実データが保存されているわけではないので、1.61GBとコンパクトなサイズになっています。

3 「(カタログ名)Previews.lrdata」はプレビューデータが保存されたファイルです。[カタログ設定](15ページ参照)で[標準プレビューのサイズ]を[自動(1440px)]、[プレビュー画質]を[中]の比較的ファイルサイズを抑える設定で保存していますが、それでも約30GBとなっています。実データほどではありませんが、プレビュー画像のクオリティを高めると、その分記憶媒体の容量を圧迫することになるので注意しましょう。

4 複数のカタログを使って運用する場合は、[ファイル]メニューの[新規カタログ]で名前をつけて新しく作成し、[カタログを開く]でカタログを指定することで切り替えることができます。また、起動時に図のようにカタログを選択させる設定にもできます。

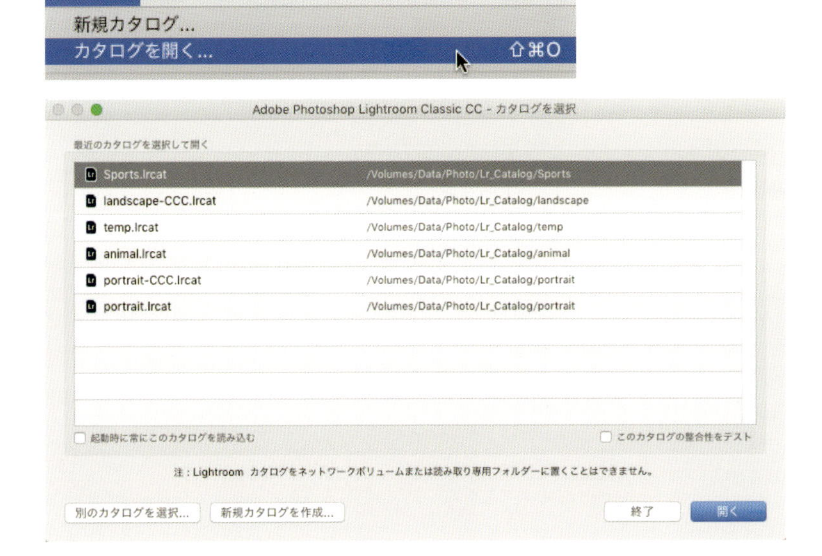

5 Lightroom起動時にカタログを選択したい場合は、[Lightroom](Windowsは[編集])メニューの[環境設定]の[一般]にある[カタログ初期設定]で[Lightroom起動時にダイアログを表示]に設定しておきます。

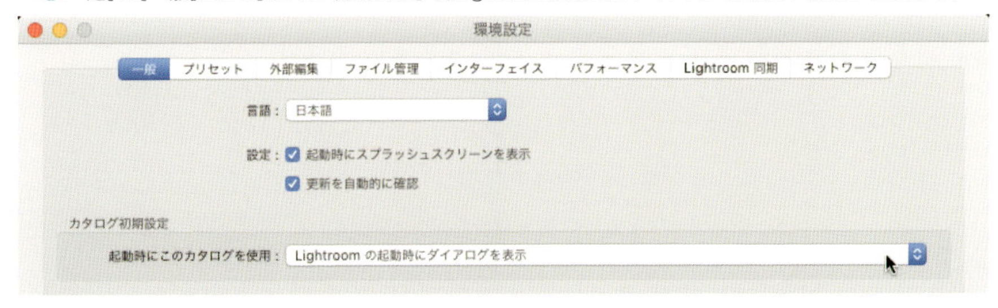

カタログ内のフォルダー分けを考えよう

[ジャンルごとか撮影日ごとか分けかたを決める]

カタログの中では写真をフォルダーに仕分けて整理しておくことが可能です。すべてをひとつの場所にいれておいても構いませんが、ある程度のグループ分けをしておいたほうが写真を探すときに絞り込みがしやすくなります。
フォルダー分けのやり方は大別して「風景」「人物」のように大きなジャンルで分けていく方法と、撮影日ごとに分けておく方法があります。どちらが使いやすいかはカタログを利用する人の属性によりますので、自分に合った方法を選びましょう。

ジャンルによるフォルダー分けの利点と欠点

ジャンル分けした場合のメリットは特定の被写体の写真を探すときに（たとえば人物）、人物が写っていない写真を最初に検索対象から外すことができて絞り込みがしやすいことです。しかし、カタログに読み込んでからジャンルごとに仕分けする作業が必要なこと、デジタルカメラの特性上多くの写真を撮っているとファイル名が重複してしまうことがあるので、ファイル名を操作する必要があるのがデメリットでしょう。

ジャンルで分ける場合は、このようにある程度の絞り込みがフォルダーだけでもできるようにしておくと便利です。あまり細かく分けてしまうと、カタログに読み込んでからの整理が面倒になってやらなくなってしまう可能性があるので気をつけましょう。

撮影日によるフォルダー分けの利点と欠点

撮影日ごとに分けておく場合のメリットは、フォルダー内でファイル名が重複することがないということです。10000枚以上撮影してしまうとファイル名が重複してしまいますが、その場合はカメラ内部で別フォルダーが作られるでしょうから、そのまま複数のフォルダーを撮影日のフォルダー内に保存しておけば問題ありません。デメリットは、いろいろなジャンルの写真を1日で撮っている場合に、そのフォルダーを開いただけでは多様な被写体の写真が混ざっているので、さらに検索によって絞り込みをする必要があるということです。

仕事で撮影している場合は、1つのフォルダーに納まっているのは同じ目的で撮影したものになるので、撮影日でフォルダー分けしておくと便利でしょう。

趣味ならジャンル別、仕事なら撮影日ごとがおすすめ

どちらにも一長一短ありますが、趣味でいろいろな写真を撮っているのであればジャンルごとに分けておくほうが使い勝手がいいかもしれません。仕事で頻繁に撮影する場合は、その日に撮影するのは基本的に同じ仕事の写真になるでしょうから、日付で仕分けておくと便利でしょう。

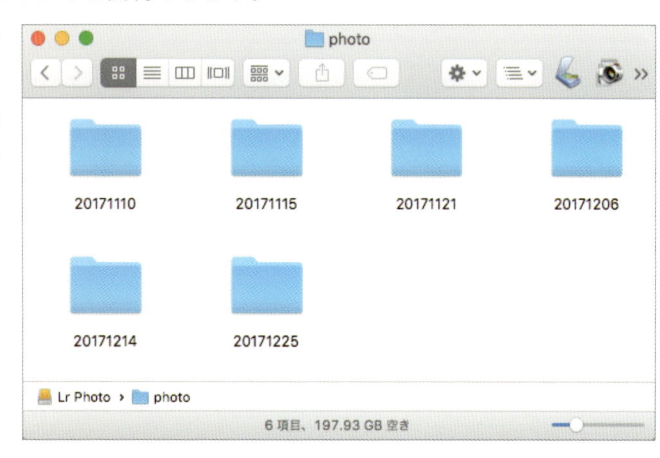

Lightroomでフォルダーごとに分けて保存すると、RAWデータが保存されている記憶媒体の中も同じ名前のフォルダーで分けられます。

読み込み時に共通するキーワードをつけてしまう

[癖にしておくと検索性が向上する]

写真をカタログに読み込むときには、写真に共通しているキーワードをつける癖をつけましょう。Lightroom は RAW データに埋め込まれているメタデータを使用する強力な検索機能を持っていますが、撮影日や使用カメラ、レンズなどのデータだけを頼りに検索するより、具体的な写真の内容がわかるキーワードを登録しておいたほうが目的の写真を探し出しやすくなります。キーワードは複数登録することができるので、できるだけ多く登録しておくといいでしょう。

1 キーワードは[読み込み]ウィンドウの右側にある[読み込み時に適用]の[キーワード]パネルで設定します。読み込む写真にチェックがついていることを確認して❶、[キーワード]のテキストボックスをクリックしてアクティブにし、写真につけたいキーワードを入力します❷。

2 キーワードは半角のコンマ(,)で区切ることで複数登録することができるようになっています。検索性を高めるために、図のようにできるだけ多くのキーワードを登録しておくといいでしょう。

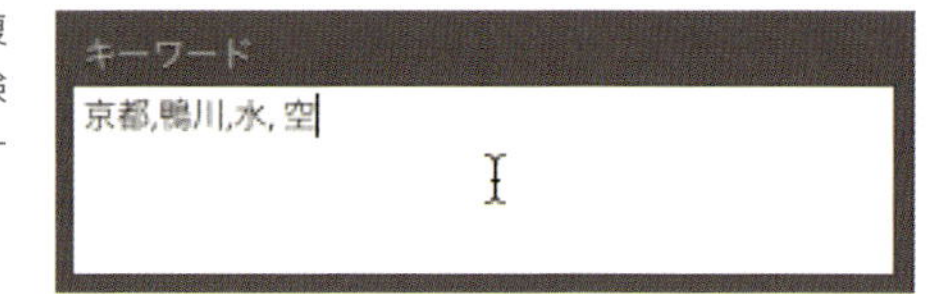

カタログの写真にキーワードをつける

個々の写真に特徴的なキーワードをあとから追加する

すべての写真が同じキーワードだけでいいことはそれほど多くないでしょうから、読み込み時には共通しているキーワードをできるだけ登録しておいて、カタログに読み込み後に個々のキーワードを追加しましょう。
キーワードの追加はライブラリモジュールで行ないます。過去に入力したことがあるキーワードがクリック1つで入力できたり、よく使うキーワードセットを登録しておいて呼び出せる機能も用意されています。これらを活用してより多くのキーワードを追加しておきましょう。

1 キーワードの追加はライブラリモジュールの右側の[キーワード]パネルで行ないます。写真をクリックして選択状態にすると❶、[キーワードタグ]のテキストボックスに登録されているキーワードが表示されます❷。

2 [キーワードタグ]のテキストボックスをクリックしてキーワードを追加します。既存のキーワードの編集や削除もここで行なえます。

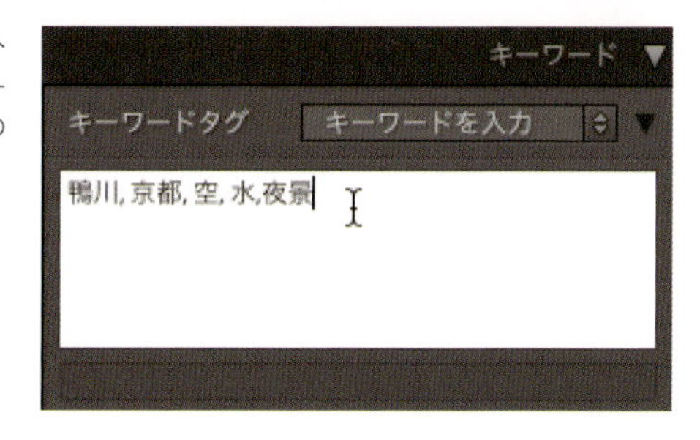

3 下部の1行テキストエリアに単語を入力して Return キーを押すと、上の[キーワードタグ]テキストボックスにコンマ(,)で区切って自動的に追加されるので便利です。キーワードは文字コード順に並んでいきます。

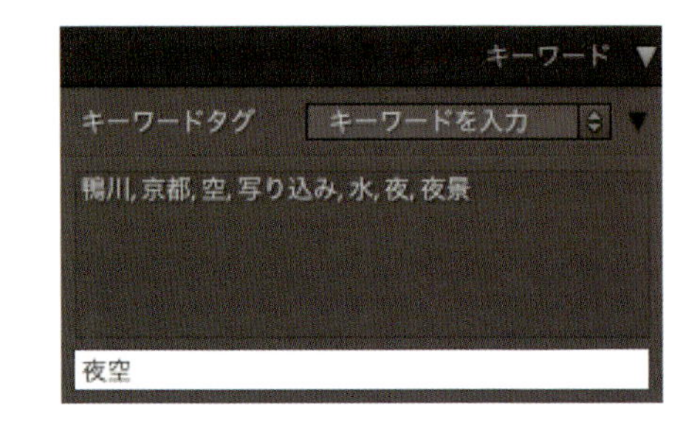

4 以前別の写真に登録したことがあるキーワードは[候補キーワード]に表示されるので、クリックするだけで追加することができます。

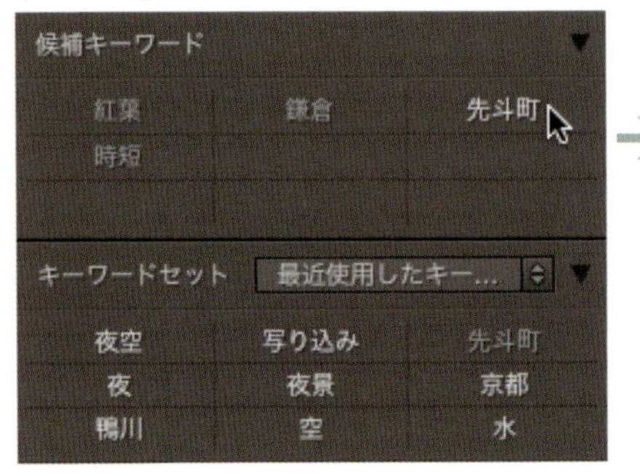

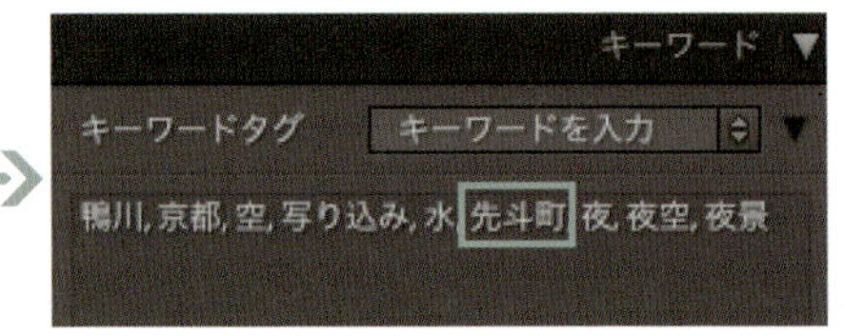

使用頻度が高いものは[キーワードセット]を利用

撮影ジャンルによっては同じようなキーワードが頻繁に使用されることになります。まとめてグループ化しておくと、そこからキーワードを簡単に追加していくことができます。これは[キーワードセット]と呼ばれており、1つのセットに登録できるのは9個ですが、セットはいくつでも作れるのでジャンルごとに用意しておくと便利です。

1 プリセットのキーワードセットは[キーワードセット]ポップアップメニューで切り替えます。

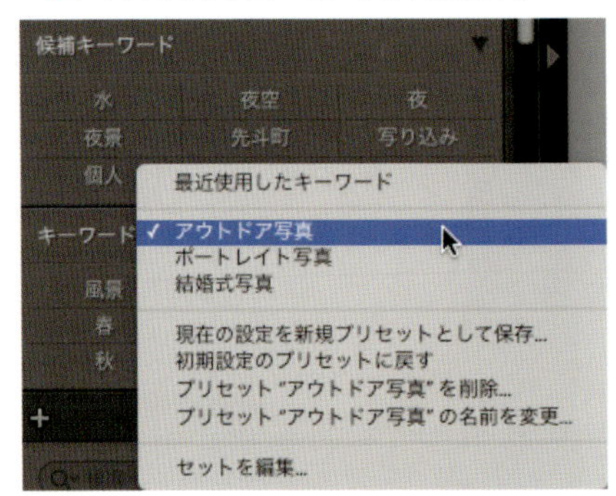

2 セットに登録されているキーワード9種類が表示されるので、写真を選択してからクリックするだけで追加されます。間違えて追加してしまった場合は同じキーワードをもう一度クリックすると削除されます。

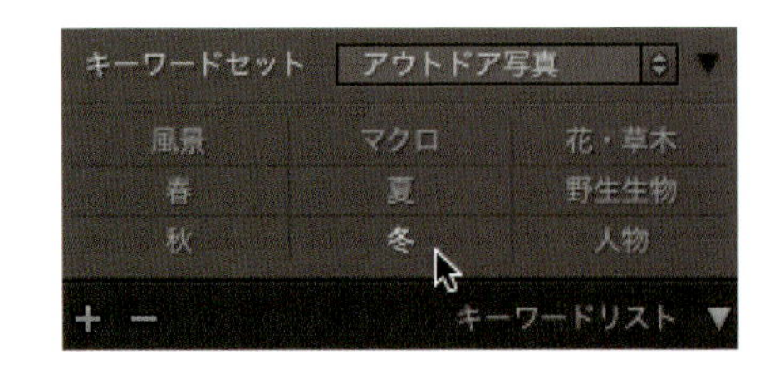

3 新しいキーワードセットを作りたい場合は、[キーワードセット]ポップアップメニューで[現在の設定を新規プリセットとして保存]を選択して、いったん名前をつけて保存します。

新規プリセット
プリセット名：鴨川風景
キャンセル　作成

4 続いて[セットを編集]を選択して、[キーワードセットを編集]ダイアログボックスで9つのキーワードを編集して[変更]をクリックします。「セット名(編集済み)」となるので、さらにポップアップメニューから[プリセット○○を更新]を選択すると名前が更新されます。

キーワードセットを編集
プリセット：鴨川風景 (編集済み)
キーワード

京都	鴨川	空
水	夜空	夜景
写り込み	先斗町	夕方

キャンセル　変更

Point

キーワードをつけるときは複数の写真を選択できるグリッド表示のほうが効率がいいですが、ルーペ表示でもキーワードの編集は可能です。その場合F6キーを押して[フィルムストリップ]パネルを表示して写真を選択します❶。選択したら[キーワード]パネルで編集します❷。[フィルムストリップ]では複数の写真を選択した場合でも、最初に選択した写真以外はキーワードは編集されないので注意してください。複数の写真のキーワードを同時に編集する場合はグリッド表示でプレビューを選択して作業する必要があります。

スプレーツールでらくらくキーワード設定

ランダムな写真にクリックで同じキーワードが設定できる

同じキーワードを設定したい写真がカタログの中にランダムに入っている場合もあります。そんなときに重宝するのが［スプレーツール］です。ライブラリモジュールのサムネールエリアで写真をクリックするだけなので、Tip08のように同じキーワードを設定したい写真が連続していなくても、簡単に写真にキーワードをつけていくことができます。

1 ライブラリモジュールのサムネール下部にあるツールバーで［スプレーツール］アイコンをクリックします。

［スプレーツール］

2 ［キーワード］入力エリアでつけたいキーワードを入力します❶。「,」で区切ることで複数のキーワードを指定できます。入力したら［完了］をクリックします❷。

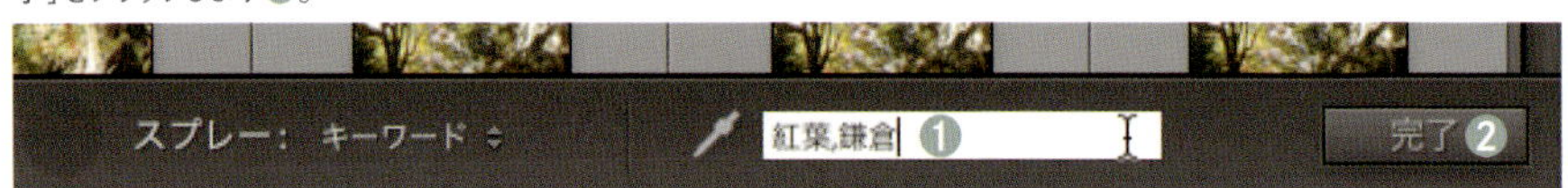

Point

［スプレーツール］で適用できるのはキーワードだけではありません。ラベルやレーティングなどの検索性を向上させられるもののほか、現像設定や画像の回転などもスプレーできます。ポップアップメニューで内容を選択できるので、複数の写真に同じ処理をしたいときに使うといいでしょう。

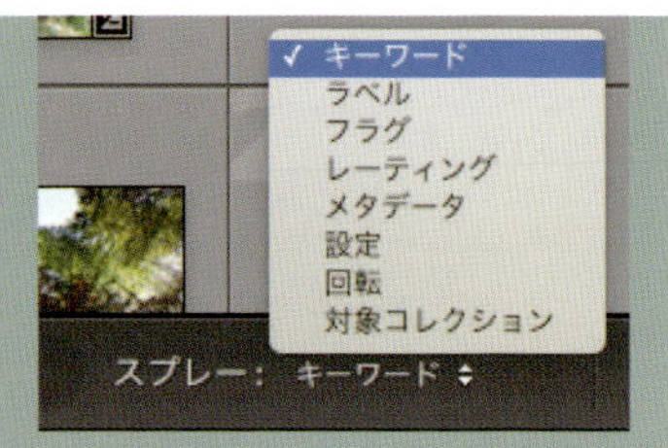

3 キーワードを割り当てたい写真のサムネールにカーソルを重ねるとスプレーアイコンになるので、クリックすると❶キーワードが割り当てられます❷。

4 キーワードが割り当てられると、サムネールの右下に鉛筆アイコンが追加されます。

5 同じキーワードを割り当てたい写真の上で順次クリックしていけば、ランダムな並びの写真にも簡単に同じキーワードを割り当てていくことができます。

6 間違えてキーワードを割り当ててしまった場合は、Optionキーを押して（消しゴムモードで）鉛筆アイコンをクリックすると、［キーワード］パネルの［キーワードタグ］が編集可能な状態で表示されるので修正します。

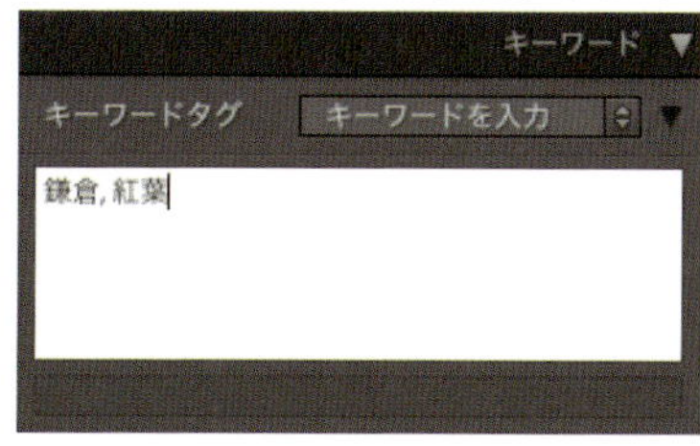

ライブラリフィルターで写真を探す

[メタデータやキーワードなどを利用して絞り込める]

フォルダー分けで整理していても、枚数が増えると写真を探す作業が大変になります。そんなときに重宝するのが［ライブラリフィルター］です。メタデータに保存されている撮影時の複数の情報、ユーザーが設定したキーワードを組み合わせて、条件に合致する写真を抽出できます。ひたすら画面をスクロールして探す手間を省き、すばやく目的の写真を探し出すことができます。同じ条件で検索することが多いなら、設定した条件をプリセットとして保存しておくと便利です。

1 写真の検索はライブラリモジュールで行ないます。グリッド表示で写真の上部に表示される［ライブラリフィルター］バーで、テキスト・属性・メタデータを使った検索が可能になっています。文字情報を手がかりに探すなら［テキスト］をクリックします。

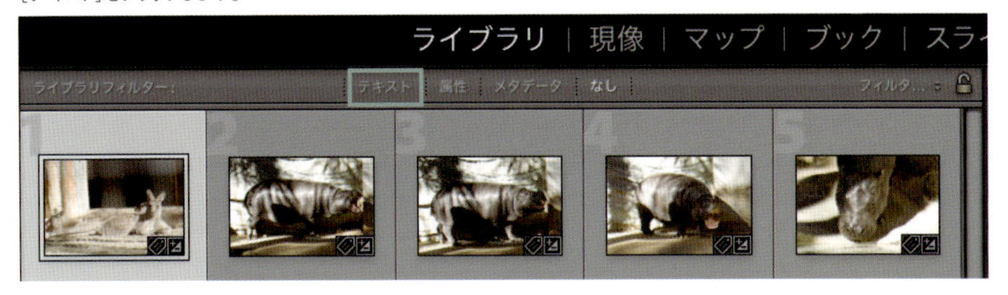

2 バーの下に条件設定エリアが表示されます。［テキスト］では［検索対象］ポップアップメニュー❶からファイル名・説明・キーワード・EXIF・IPTCメタデータなどを使った検索が可能です。その右のポップアップメニューで、設定したテキストを含む、含まないなどの条件設定が可能です❷。

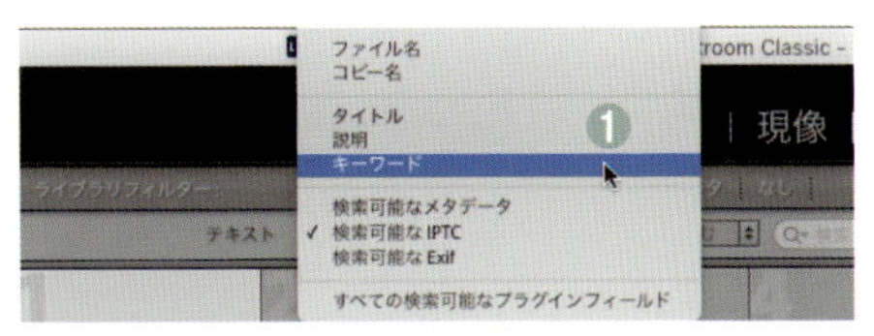

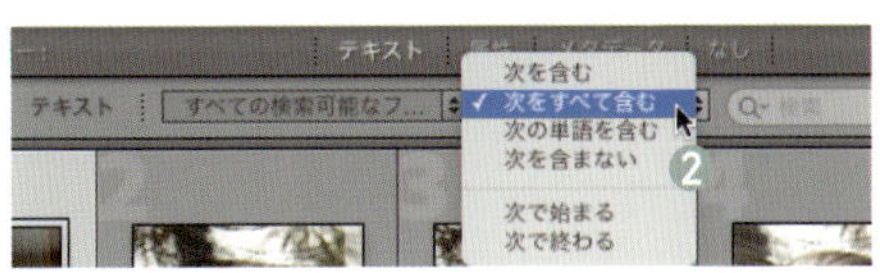

3 ［属性］ではフラグ・レーティング・カラー・種類（マスター写真・仮想コピー・ビデオ）という4つの属性でフィルターすることができます。

4 もっとも条件を詳細に設定できるのが[メタデータ]です。最大で8つのメタデータの条件を設定しての検索が可能です。

ライブラリフィルター： テキスト 属性 メタデータ なし フィルタ...

日付		カメラ		レンズ		ラベル	
すべて (1 日付)	112	すべて (1 カメラ)	112	すべて (2 レンズ)	112	すべて (1 ラベル)	112
▶2017年	112	Canon EOS-1D M...	112	EF70-200mm f/2....	93	ラベルなし	112
				EF70-200mm f/2....	19		

5 初期設定で4列表示されているメタデータ名をクリックすると、ポップアップメニューが表示されます。設定したいメタデータを選択します。

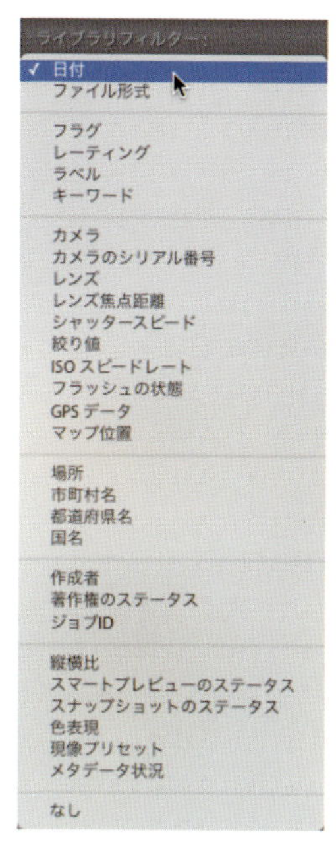

6 各列のメタデータ名の右端にカーソルを動かすと▼が表示され、クリックすると[列を追加][この列を削除]で、検索条件にするメタデータの列の追加と削除ができます。また、メタデータによっては表示・並べ替えのオプションが設定できます。

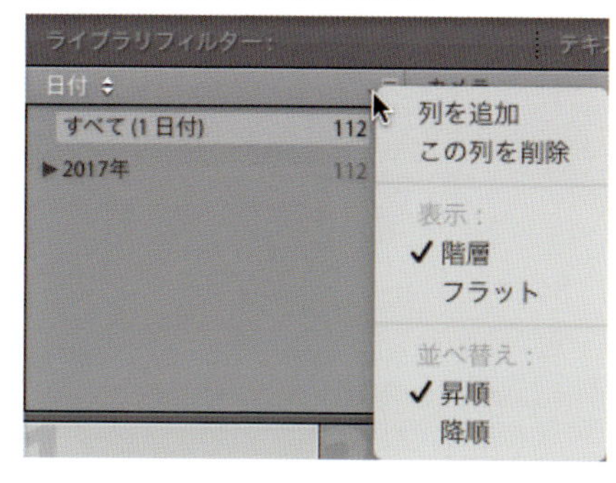

7 8項目を検索条件にした場合には非常に詳しく条件が設定できます。ここでは112枚ある動物の写真の中から条件を設定していったことで、2枚まで候補を減らすことができました。条件項目が増えてくると表示エリアが狭くなるので、左右のパネルを非表示にするといいでしょう。

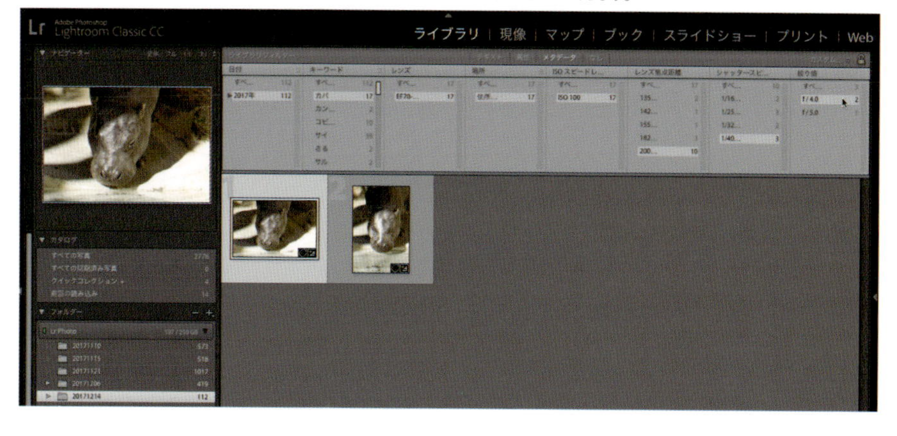

8

[ライブラリフィルター]バー右端にはプリセットのポップアップメニューがあり、ここから[現在の設定をプリセットとして保存]を選択すると、現在行なっている検索条件の設定をプリセットとして保存できます。

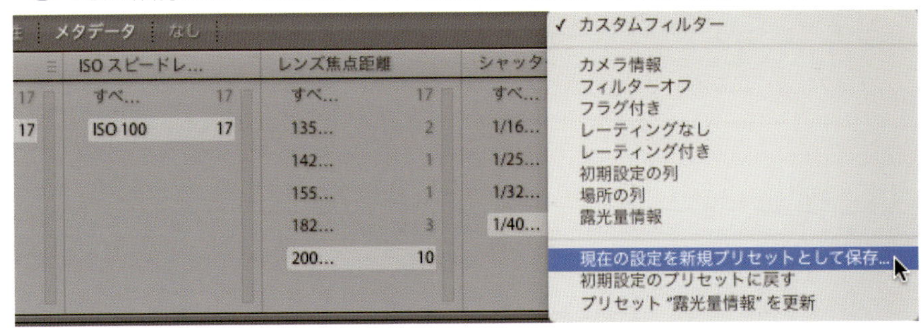

9

[新規プリセット]ダイアログボックスでわかりやすい名前をつけて保存します。

10

フィルター条件をプリセットとして登録しておけば、[ライブラリフィルター]バー右端のプリセットのメニューから選択することで、条件を再設定する手間を省いてすぐに検索することができます。

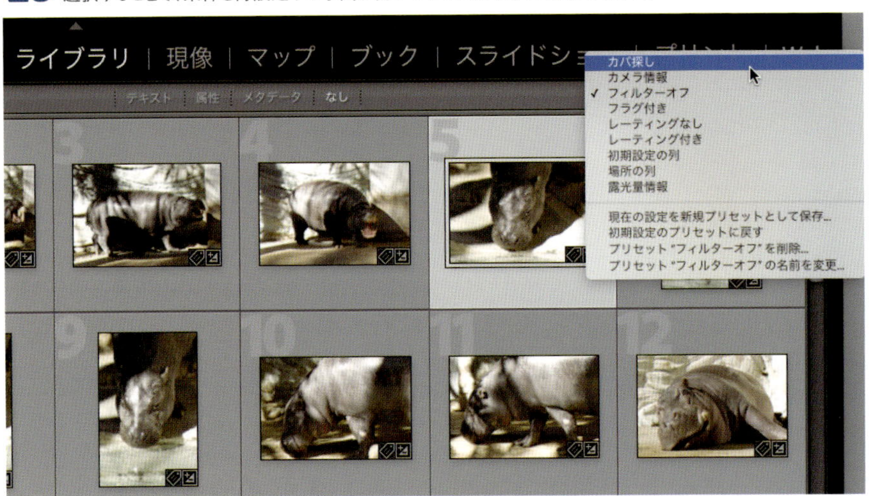

Part 2

RAW現像の基本操作

クイックコレクションに一時的に写真を集める

ピックアップした写真をまとめて現像したいときに便利

目的に合わせて写真を集めなくてはならない場合、利用したいのが「クイックコレクション」機能です。検索して見つけた写真にマークをつけてから最後に集めることもできますが、マークし忘れると再検索が必要になってしまいます。クイックコレクションならそんな手間を省くことができます。
検索した写真をクイックコレクションに登録しておけば、次の写真の検索を始めてもその写真が行方不明になることはないので、特定の条件の写真を複数枚用意したいときなどに便利です。
クイックコレクションに登録した写真はカタログにある写真と同様に現像処理などの編集が可能です。クイックコレクションからの削除も簡単にでき、削除してもオリジナルの写真データが削除されるわけではありません。

1 クイックコレクションに登録したい写真を選択したら❶、[写真]メニューの[クイックコレクションに追加]を選択します❷。キーボードのBキーがショートカットですので、覚えておくと早いでしょう。

2 複数の写真をクイックコレクションへ登録したら、左側パネルの[カタログ]にある[クイックコレクション]をクリックしてコレクションを表示します。[クイックコレクション]の横には何枚の写真が登録されているかがわかるように枚数が表示されています。

3 クイックコレクション内の写真は通常と同様の編集が可能です。図ではキーワードをつけています。

4 現像処理や書き出しなど、必要な作業が終わってコレクションが不要になったら、すべての写真を選択した状態で[写真]メニューの[クイックコレクションから削除]で削除できます。またはショートカットのBキーかDeleteキーを押すと早いので覚えておくといいでしょう。

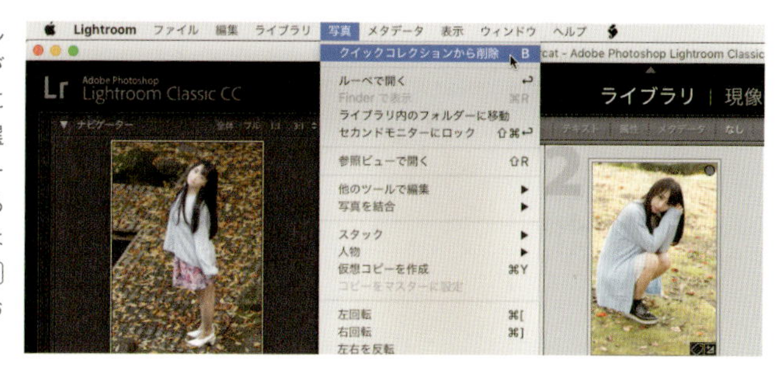

5 クイックコレクションから写真を削除しても、オリジナルのRAWデータが削除されるわけではありません。また、クイックコレクションに登録しているときに行なったすべての操作はそのまま残ります。図では明るさの調整とキーワードの追加がされていることが確認できます。

Tip 12

よく使う補正はプリセット登録する

[複数のパラメータの調整セットを一発で適用できる]

Lightroom はさまざまな場面で設定をプリセットとして登録することができるようになっています。現像処理においても同じで、使用頻度が高い補正の組み合わせがある場合には、プリセットとして保存しておくとワンクリックで複数の補正を終えることができて便利です。
例えば、商品撮影などでシリーズ物の撮影を長期間行なうような場面で、毎回必ず同じ補正を加えるときには作業手順を減らすことができて作業効率がアップします。また、ずっと使用するわけではなくても、一時的に同じ補正を多数の写真に加えたいという場面でも有効です。

1 現像処理のプリセットは左側にある[プリセット]パネルに保存されます。あらかじめ[Lightroom○○プリセット]として多様な効果を加えるプリセットが用意されています。

2 保存したいパラメータの調整が完了したら、[プリセット]の右にある[+]ボタンをクリックします。

3 [現像補正プリセット]ダイアログボックスが表示されます[設定]のなかで保存したいパラメータにチェックをします。

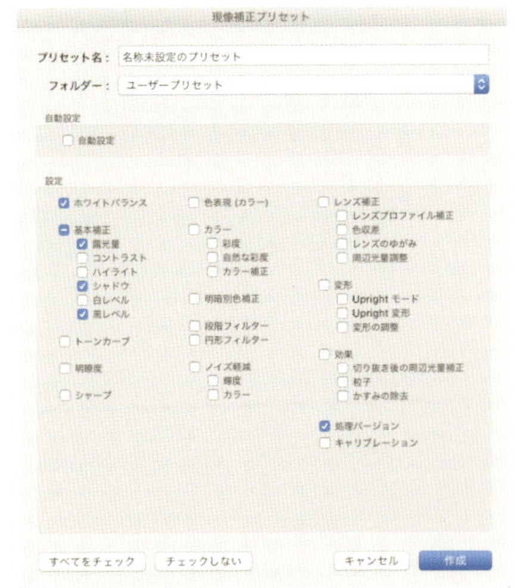

4　[プリセット名]にわかりやすい名前をつけます。一時的な利用であれば図のように(一時的利用)とつけておくといいでしょう。

5　保存先の[フォルダー]は一時的な利用であれば[ユーザープリセット]でいいでしょう。目的別に整理したいときは[新規フォルダー]でフォルダーを作成します。設定が完了したら[作成]ボタンをクリックします。

6　[プリセット]パネルの[ユーザープリセット]フォルダーに作成したプリセットが登録されます。ほかの写真を選択して[ユーザープリセット]に保存したプリセットをクリックすると、チェックした複数のパラメータに同じ補正が一度に加えられます。

(Point)

[切り抜き][スポット修正][赤目修正][補正ブラシ]についてはプリセットに登録できません。写真によって適用場所が変わるからという理由でしょう。[切り抜き][スポット修正][補正ブラシ]の設定を別の写真に利用したい場合は[設定をコピー]で対処します。補正を適用した写真を選択して⌘+Cキーを押して[設定をコピー]ダイアログを表示し、コピーしたい補正機能にチェックして(図では[ブラシ]で[補正ブラシ]を選択)[コピー]ボタンをクリックします。同じ補正をしたい写真を選択して⌘+Vキーを押して設定をペーストすると、同じ現像設定が別の写真に適用できます。これで[赤目補正]以外は設定のコピーが可能です。

簡単に複数の画像に同じ調整を行なう

↓

[ライブラリモジュールで複数選択し プリセットを実行する]

同じプリセットを適用したい写真が複数あるときに、1枚ずつ写真を選択して適用する必要はありません。ライブラリモジュールで［クイック現像］を利用すれば一度にまとめて適用できます。

1 ライブラリモジュールのグリッド表示で、同じプリセットを適用したい写真を複数選択します。連続しているなら最初の写真をクリックし❶、Shiftキーを押しながら最後の写真をクリックします❷。離れた写真は⌘キーを押しながらクリックします❸。

2 右側の［クイック現像］パネルの左にある［現像設定］プルダウンメニューをクリックしてプリセット一覧を表示します。

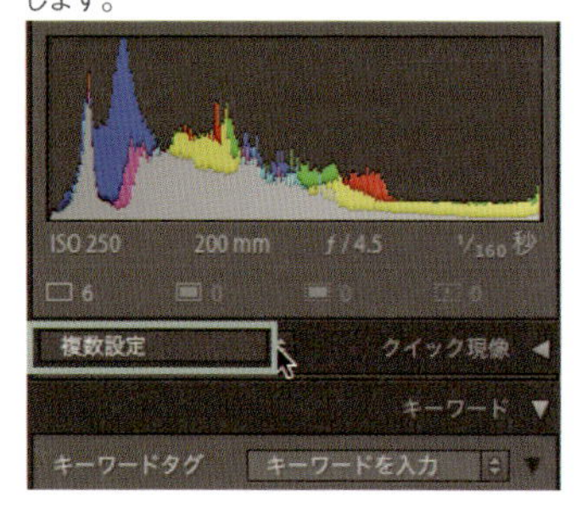

3 適用したいプリセットが保存されているフォルダーから目的のプリセットを選択して実行します。サムネールが更新されてプリセットが適用されたことが確認できます。

プリセットに含まれない設定まで複数画像にコピーする

［補正ブラシ］など、プリセットに登録できない設定を含めて複数の写真に同じ設定を適用したい場合は、前項で紹介した［設定をコピー］を使います。現像モジュールで［設定をコピー］を実行してから、ライブラリモジュールに移動し、グリッド表示で写真を複数選択して、［写真］メニューの［現像設定］→［設定をペースト］を実行します。

1 設定コピー元の画像を現像モジュールで開いた状態で、⌘＋Ⓒキーを押して［設定をコピー］ダイアログを表示します。プリセットに含まれていない設定項目で、使用している補正機能にチェックを入れて［コピー］をクリックします。

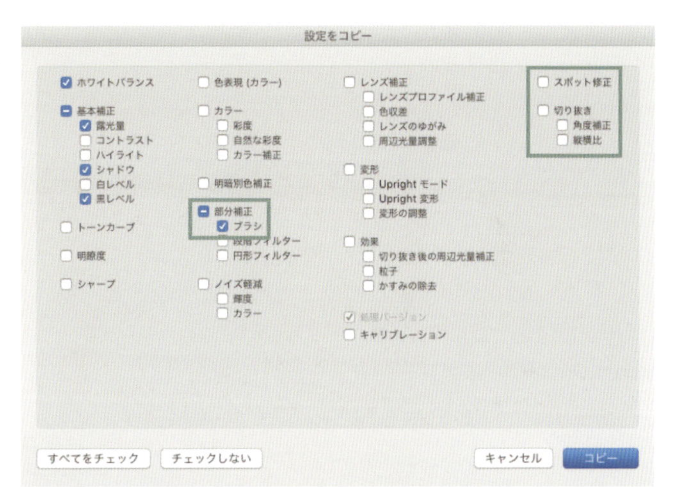

2 ライブラリモジュールのグリッドモードで複数のサムネールを選択します。［写真］メニューの［現像設定］→［設定をペースト］（⌘＋Shift＋Ⓥ）を実行すると、コピーしてある現像設定が選択している写真全部に適用されます。

Tip 14

スマートプレビューを使ってRAWデータなしで調整

元データが読み込めない状態でも現像処理ができる

Lightroomはオリジナルの RAW データがないと現像処理ができない仕様ですが、外部記憶装置にデータを保存していると、接続していないと現像処理ができないところが不便です。それを、いつでも現像処理を行なえるようにするのが「スマートプレビュー」機能です。
スマートプレビュー対して行なった現像処理は、次回元データが保存されている記憶媒体が PC に接続されて Lightroom が認識したときに、自動的に元ファイルに同期されます。スマートプレビューはオリジナルデータと比較して容量を小さくできるので、ノート PC のように記憶媒体の容量に制限があるデバイスにスマートプレビューを保存して、外出先や撮影前後の移動中でも現像処理を行なうことができます。

1 スマートプレビューを作るには、ライブラリモジュールで必要な写真を選択した状態で[ライブラリ]メニューの[プレビュー]→[スマートプレビューを生成]を選択します。画像データが保存されている記憶媒体が接続されているときはサムネールの表示に変化はありません。

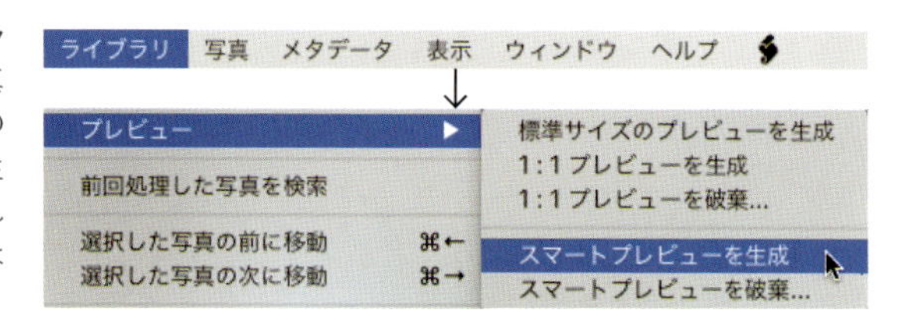

2 記憶媒体の接続が解除されるとサムネールの右上にアイコンが表示されるようになります。□に!のマークは画像データが見つからない状態を示していますが❶、スマートプレビューが作られている場合は□の外周に点線で囲みがつけられます❷。図では「649」の写真にスマートプレビューが作られています。スマートプレビューで現像したあと、写真が保存されている記憶媒体を接続するとサムネール右上のアイコンは消え、現像モジュールで加えた編集が自動的に同期します。

3 記憶媒体が接続されている状態でスマートプレビューの有無を確認したいとき、右側の[ヒストグラム]パネルの下に表示される情報で確認できます。

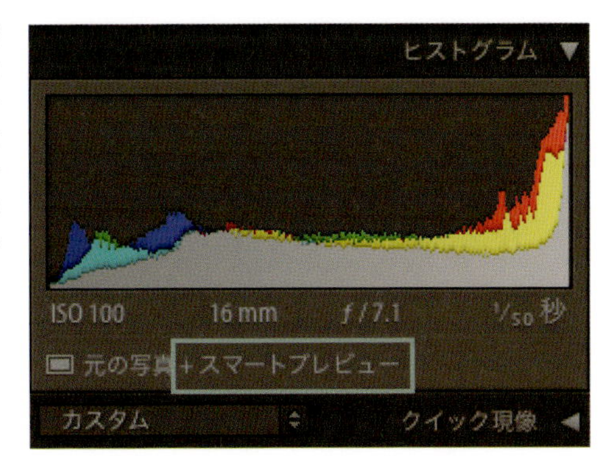

4 スマートプレビューが作られている写真を選択して現像モジュールに移動すると、なにごともなく現像処理を行なうことができます。

5 スマートプレビューがない状態では、プレビュー上部に「ファイルが見つかりませんでした」と表示されて調整パネルはすべてグレーアウトし、現像処理ができません。

仮想コピーでバリエーションを作る

[同一写真で複数の現像パターンを試せる]

現像処理では、別の調整をした写真も作りたいことがあるでしょう。また、仕事でカラーとモノクロ、2種類を納品してほしいというようなオーダーもあります。そんなときに重宝するのが［仮想コピー］機能です。
この機能は写真のデータを物理的に複製するのではなく、カタログ内だけの仮想データとして複製するので、カタログの容量が多少増えるだけで、RAW データなどを保存してある記憶媒体の容量は圧迫しません。仮想コピーの作成枚数には制限がなく、現像処理では元画像（マスター）に行なっている現像処理はまったく影響しないので、マスターとは違ったバリエーションを好きな数だけ作り出すことができます。

1 仮想コピーは、写真を選択して［写真］メニューの［仮想コピーを作成］を選択します。選択した写真をControl＋クリック（右クリック）して表示されるコンテキストメニューから実行することも可能です。

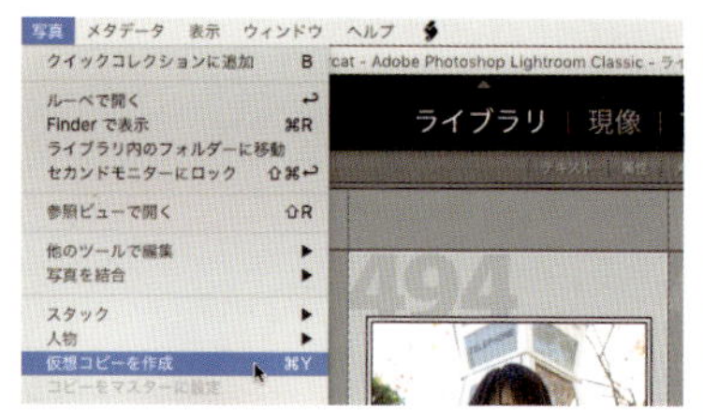

2 仮想コピーが作成されると、マスターのサムネール左上に仮想コピーを含めて何枚の写真があるかが表示されます❶。仮想コピーのサムネール左上には何枚あるうちの何枚目なのかが表示されます❷。

3 仮想コピーをマスターとした仮想コピーを作ることも可能です。ここではモノクロに現像処理した仮想コピー(495)をマスターにして、さらに仮想コピー(496)を作っています。

4 モノクロにした仮想コピーをマスターにした仮想コピーにさらに調整を行なった状態です。このように、いくつものバリエーションを簡単に作り出していくことができるのが仮想コピーのメリットです。

5 不要になった仮想コピーは、選択して[Delete]キーを押すと表示される[選択された仮想コピーを削除しますか?]のダイアログボックスで[除去]をクリックするだけで簡単に除去できます。

Tip
16

キーボードを使ってすばやく操作する

ワンキーで多数の機能にジャンプできるので便利

現像作業で頻繁に使う機能や、メニューの深い階層にあるコマンドはマウスで実行するのは面倒ですが、ショートカットキーを覚えておくと、作業効率をアップできます。使用頻度が高い機能はほとんどワンキーで呼び出せるので、これだけでかなり作業がスムーズに進められます。

1 メニューコマンドの右側に表示されているのがショートカットキーです。⌘ Shift Option などと英数キーを組み合わせて押します。3つ以上のキーを使うものは使用頻度が高くないので、余裕ができたら覚えればいいでしょう。

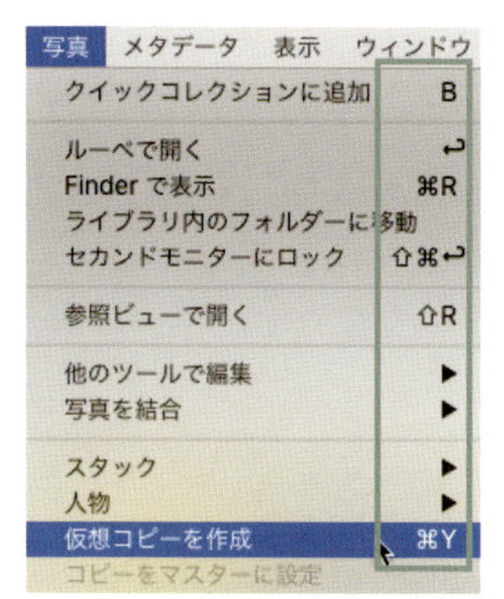

2 ライブラリモジュールでのサムネール表示モード切り替え❶や、現像モジュールへの移動❷などはワンキーでできます。非常に使用頻度が高いものが多いので早いうちに覚えましょう。ファンクションキーの場合もあります。

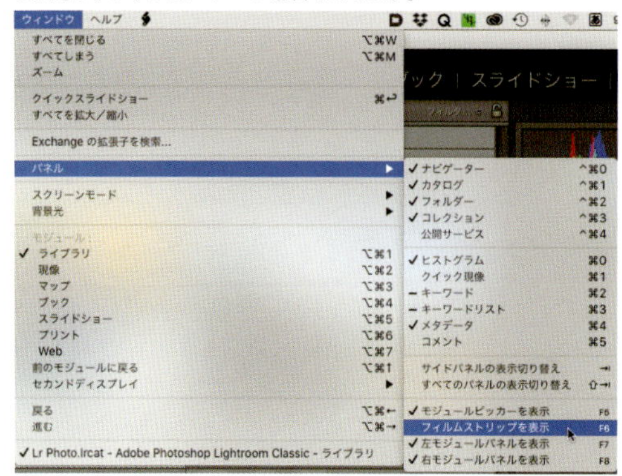

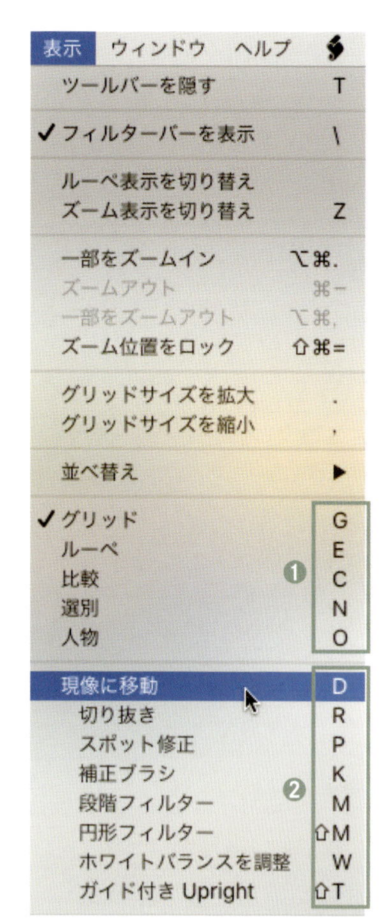

現像モジュールでの効率的な操作

現像モジュールでの各種パラメータの調整は基本的にスライダーで行ないますが、マウスを使ってドラッグするほかに、簡単に上下のカーソルキーでも操作できるようになっています。

1 操作したい項目のスライドバーの上にカーソルを移動すると❶、項目名❷と数値入力エリア❸が明るく表示されます。ここでは[黒レベル]の項目が選択されています。

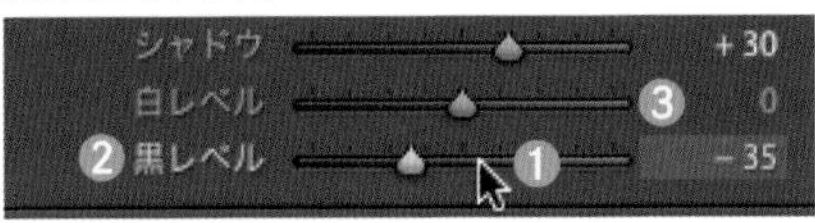

2 この状態で↑↓を押すと5ステップで調整が行なわれます。[露光量]の場合は0.1ステップになります。

3 細かく調整したいならOptionキーを押しながら↑↓を押すと、1ステップでの調整ができます。[露光量]は0.02ステップになります。

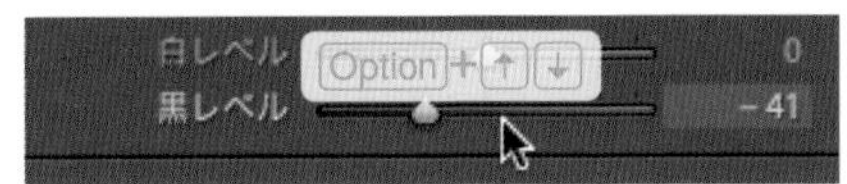

4 大きく動かすにはShiftキーを押しながら↑↓を押すと、20ステップでの調整になります。[露光量]は0.33ステップになります。

5 ツールストリップのツールを選んだときも↑↓キーでスライダーの調整が可能です。こちらは通常は1ステップで、Shiftキーを押しながらだと10ステップの2段階です。

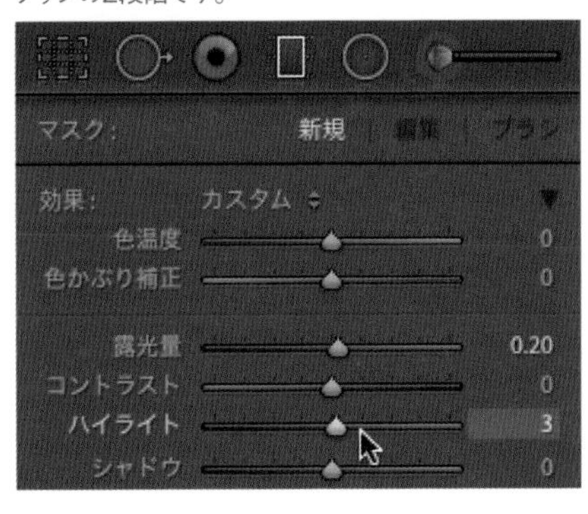

6 [基本補正]パネルだけではなく、スライダーが用意されているすべてのパネルの項目でこの方法は可能です。

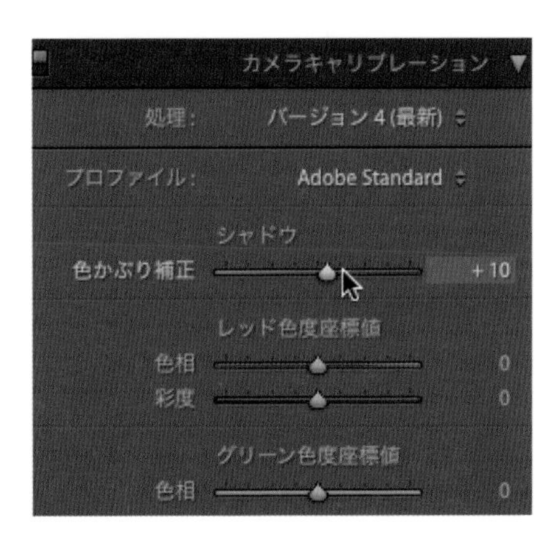

補正前後の画像を並べて比較する

左右・上下に並べたり分割表示でき、別の写真との比較も可能

現像処理を行なう際、元の状態と現在の状態を並べて比較表示すると、調整の効果を確かめながら効率よく作業を進められます。比較表示のときは左側パネルを非表示にすると、現像モジュールのプレビュー画面を大きくできます。

1 比較表示をするには、プレビューエリアの下にある[補正前と補正後のビューを切り替え]をクリックします。また、Yキーで比較表示のオン／オフができます。

2 補正前／補正後が左右に並べて表示されます。プレビューエリア上部に[補正前][補正後]と表示されます。

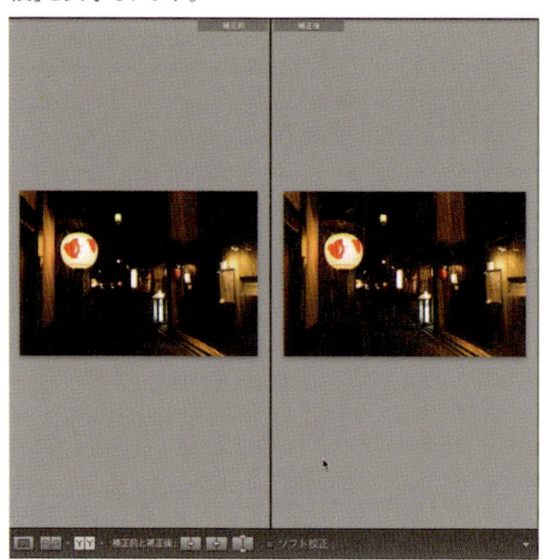

3 [補正前と補正後のビューを切り替え]アイコンをクリックすると4つの表示方法が切り替わります。アイコン右側の▼をクリックしてポップアップメニューを表示して選択することもできます。

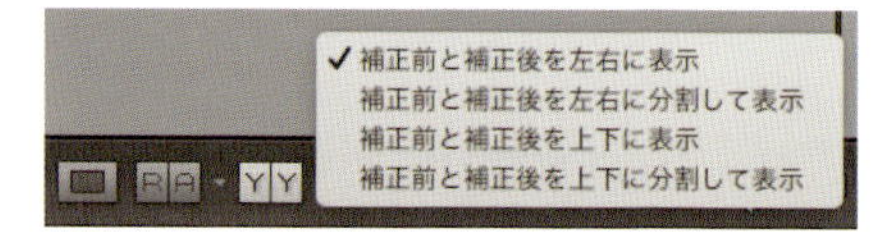

4 表示方法は上下か左右か、並列か分割かで4通りの選択ができます。試してみて、写真や現像処理の内容に応じて使い分けるといいでしょう。これは[補正前と補正後を左右に分割して表示]を選択したときの表示です。

基準となる写真を参照しながら現像する

現像の前後を比較するだけでなく、基準となる別の写真に補正を合わせていくために、2枚の写真を比較表示する［参照ビュー］機能も用意されています。これにより効率よく複数の写真の仕上がりを合わせることができます。ホワイトバランスを揃えたり、ポートレートで肌の明るさを揃えたり、商品撮影の仕事などで色調を整える際にも非常に役立つでしょう。

1 現像する写真を選択して[Shift]＋[R]キーを押すと［参照ビュー］になります。あるいは現像モジュールでプレビューエリアの下にある［参照ビュー］アイコン❶をクリックします。

(Point)

ウィンドウ下部に［フィルムストリップ］パネルが表示されていなければ[F6]キーを押すか、下部パネルを展開する▲をクリックすると❷表示されます。

2 ［フィルムストリップ］パネルから、参照する写真をプレビューエリアの［参照］にドラッグ&ドロップします。あとは参照写真に明るさや色調を揃えるようにして現像していきます。

Tip

18

ゴミを消す

[スポット修正]を使用して拡大しながら消していく

レンズ交換式デジタルカメラの最大の弱点は撮像素子にゴミが付着してそれが写り込んでしまうことです。ゴミが写っていることがわかると悲しくなってしまいますが、Lightroomにはそれを修正する機能が用意されています。

1 Pキーを押して現像モジュールに入り、[スポット修正]をアクティブにします。[ナビゲーター]パネルで画像を拡大してゴミを確認していきます。全体を確認したいので、端のほうをクリックします。

(Point)

端が表示されていなければ、Spacebarを押して一時的に手のひらツールを呼び出し、プレビューエリアの画像をドラッグして端の部分まで確認できるように位置をずらします。

2 ゴミの上にカーソルを移動し、ブラシの[サイズ]をゴミがきちんと隠れるくらいまで小さく調整します。[ぼかし]を60程度に設定して周囲と自然になじむようにします。

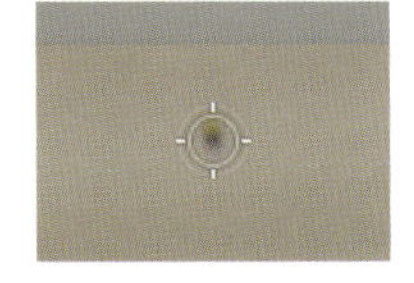

3 ブラシでゴミの上をクリックします。Lightroomが自動的に画像の中から修正に適した部分を探し出し、サンプリングする場所を決めてくれます。

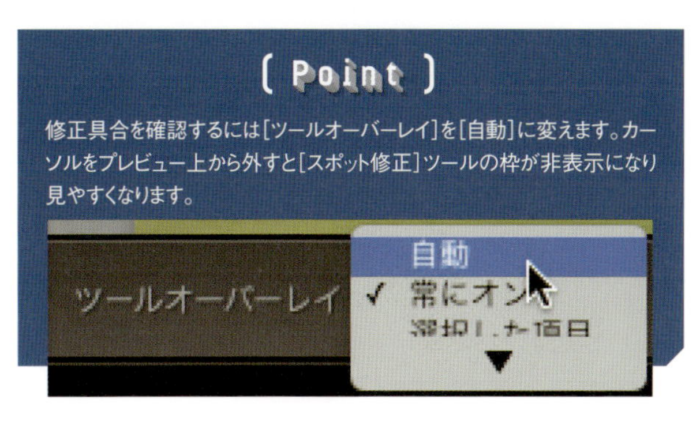

4 Spacebar を押して手のひらツールを呼び出してプレビューの表示エリアを移動します。最初の修正と同様に、ブラシの[サイズ]を適宜調整しながら修正していきます。この作業を繰り返してすべてのゴミを消去できたら完成です。

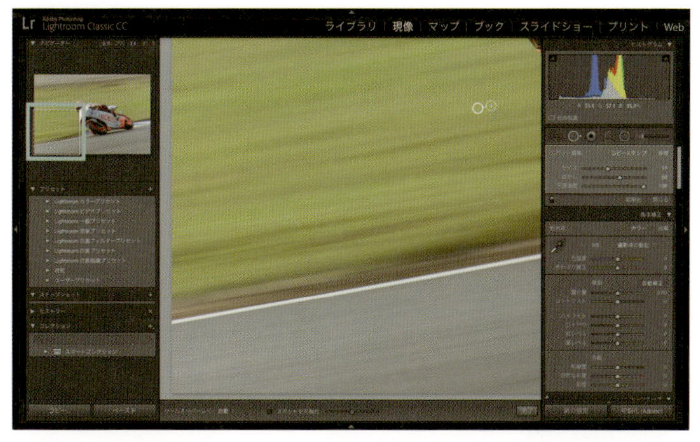

5 プレビューを全体表示に戻してカーソルを画像の上に持っていくと、何箇所スポット修正を行なったかが確認できます。

Point

プレビュー画像の表示範囲を移動するときには、作業後のエリアの一部が必ずかぶるように移動していきます。それには、カーソルが必ずプレビューエリア内に残るように移動していきます。例えば、下に移動したいならプレビューエリアの左下部をつかんで上にドラッグします。カーソルが見えている状態でドラッグを終了すれば、確認したエリアの一部が必ず次のプレビューエリアに残るので、見逃しがありません。この方法は上下左右、どちらの方向に移動する場合でも有効です。

作業エリアを下のほうに移動したいので、プレビューエリア左側の下部をつかみます。

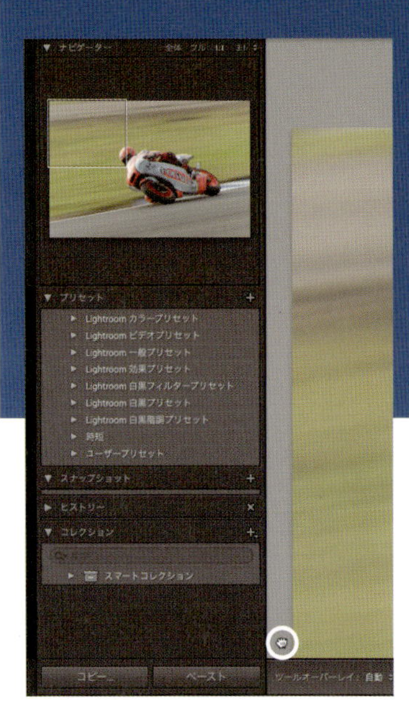

そのまま上にドラッグし、カーソルがプレビューエリアからはみ出さない位置でドラッグを完了します。先に作業していたエリアの一部が必ず含まれるため見逃しがなくなります。

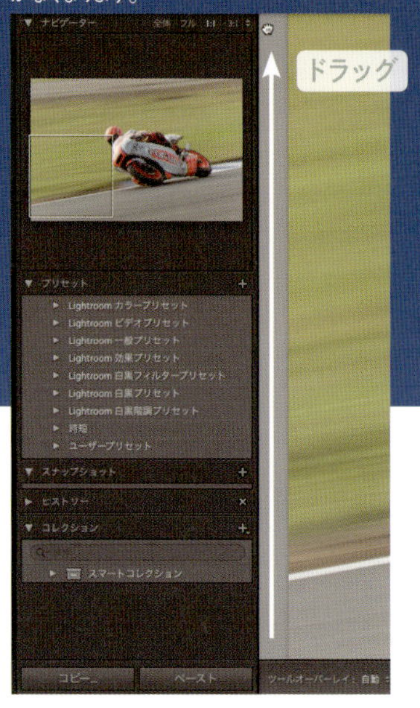

After

Tip 19

傾きをなおす

[切り抜きと角度補正]で回転、または基準線をドラッグする

撮影時の諸条件によって、とくに手持ちの場合は気をつけていても微妙に傾いてしまうこともあります。そうした傾きもLightroomで簡単に補正できます。

角度をスライダー操作で補正する

Before

1 Rキーを押して現像モジュールに入り、[切り抜きと角度補正]パネルを表示します。写真の外側にカーソルを移動すると回転を示す矢印の形になるので、この状態でドラッグすると写真を回転させることができます。

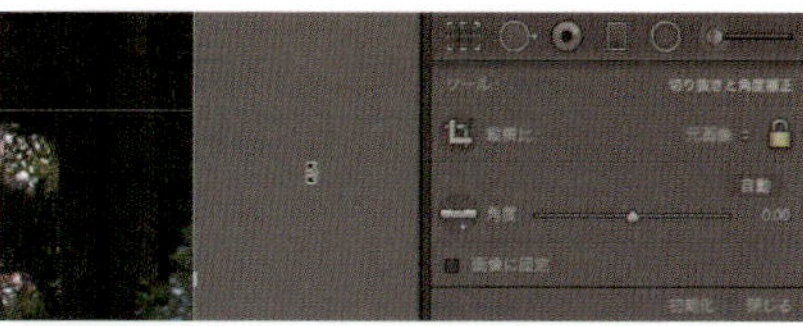

After

2 緻密に行なうのなら[角度]で指定します。カーソルを[角度]のスライダー上に重ねると❶、数値部分がハイライトされてアクティブになります❷。そこで↑↓キーを押すと0.1度単位で調整ができます。写真に表示されるグリッドを見ながら補正し、Returnキーで確定します。

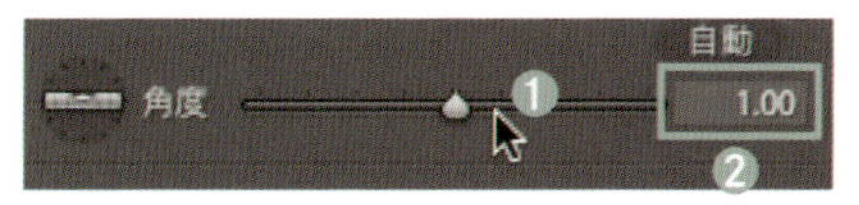

[角度補正ツール]で補正する

水平線などの直線があると傾きが目立ちますが、[角度補正ツール] なら指定したラインが水平あるいは垂直になるように簡単に補正可能です。

Before

1 Rキーを押して現像モジュールに入り、[角度補正ツール]をクリックするとカーソルが定規のアイコンに変わるので、カーソルの十字部分を水平、あるいは垂直にしたい部分にもっていきます。

[角度補正ツール]

2 そのままドラッグして角度を補正したい直線部分にラインを伸ばします。マウスボタンから指を放すと自動的に補正してくれます。問題なければReturnキーを押して確定します。

After

(Point)

Lightroomの切り抜きや角度補正はフレームから外れた部分が削除されずに残っているので、何度でも補正が可能です。

Tip
20

必要に応じてトリミングする

[切り抜き]ツールを使用して行なう

撮影後の写真を写真を見ていると、画面の端のほうに余計なものが写ってしまっていることがあります。トリミングを行なって余計な写り込みを排除します。

Before

1 Ⓡキーを押して現像モジュールに入り、[切り抜き]ツールをアクティブにします。写真の周囲に枠が表示されます。

[切り抜き]ツール

2 トリミングしたい個所に近い辺をドラッグしてトリミングしていきます。ここでは右側の手すりを排除して、足下の空間は残したいので上をトリミングすることにして、右上角をドラッグしました。

3 写真下部に少しだけ残っている影が気になったのでこれもトリミングします。上下左右のカーソルキーで写真の位置を移動させることができます。[↓]キーを1回押して写真を少し下に移動し、影をトリミング枠の外に出しました。

4 [Return]キーを押すとトリミングが確定します。Lightroomでは実際に写真を切り取っているわけではないので、再度切り抜きツールをアクティブにすると現在のトリミング枠が表示され、何度でもやり直すことができます。

トリミングは、元の写真の比率だけではなく、縦横比を自由に設定することができます。[切り抜きと角度補正]パネルの[縦横比]にある現在の比率([元画像])をクリックするとプリセットされている縦横比が表示されるので❶、そこから好みの設定を選ぶとその比率のトリミング枠が自動的に表示されます。現在の比率の右にある鍵アイコンをクリックするとロックが外れ❷、縦横比を自由に調整することができるようになります。自由にトリミングを行なった場合は、[縦横比]は[カスタム]と表示されます。

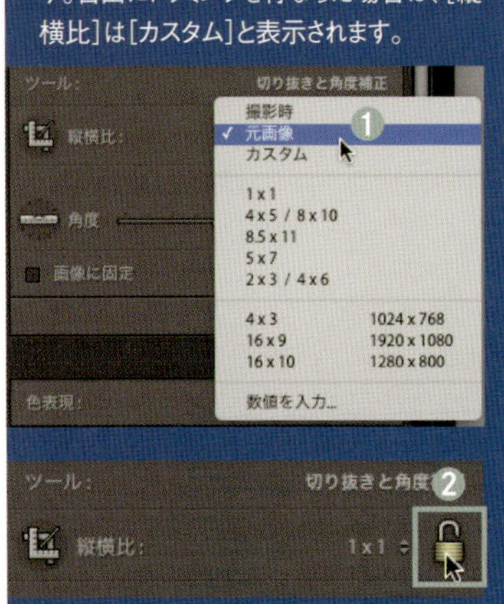

After

Tip 21

露出オーバー・アンダーを調整する

[基本補正]パネルの各パラメータで調整していく

露出アンダーの場合①～[基本補正]パラメータで補正

人物が暗くなってしまっているので（露出アンダー）プラスに補正します。メインとなる被写体は人物なので、背景が多少露出オーバーになることは気にせず補正します。

Before 1

階調 自動補正
露光量 ❶ ＋1.20
コントラスト ❸ －12
ハイライト 0
シャドウ ❷ ＋20

1 Ⓓキーで現像モジュールに入ります。[基本補正]の[露光量]をプラス補正します❶。シャドウ部の明るさも調整するため、[シャドウ]をプラスに補正します❷。最後に[コントラスト]を少しマイナス補正して❸、肌に落ちる影などのきつさを軽減しました。

After 1

露出アンダーの場合②〜トーンカーブで補正

トーンカーブを使って補正することもできます。露出を調整したいターゲットが明確に決まっている場合はこの方法が便利です。

1 調整パネルをスクロールして❶[トーンカーブ]右側の◀をクリックして❷パネルを展開します。左上の[写真内をドラッグしてトーンカーブを調整]をクリックします❸。

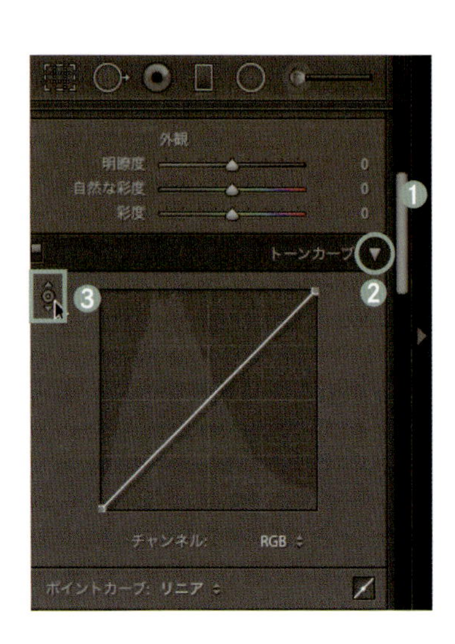

2 カーソルを顔に移動して、上にドラッグして明るさを調節します。ここでは影になっている頬の部分をドラッグしています。トーンカーブが図のように調整されます。

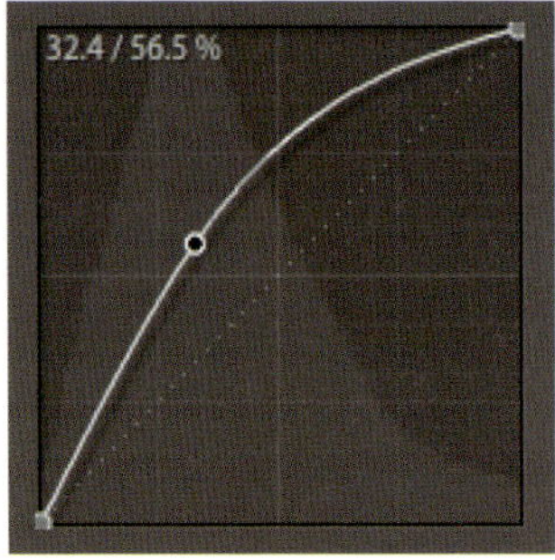

3 [基本補正]パネルに戻って[シャドウ]❶と[コントラスト]❷を調整して整えました。

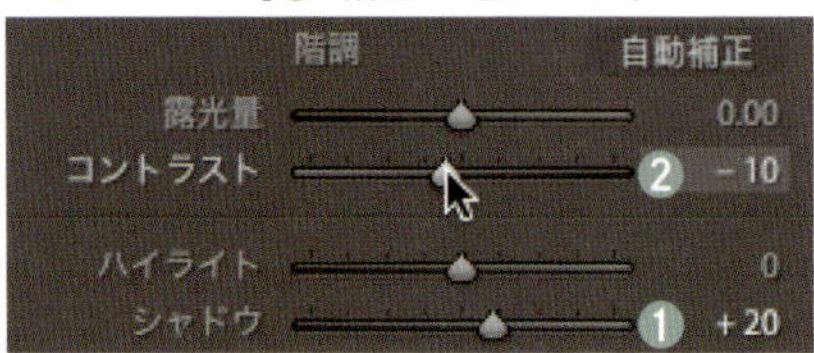

After 1-2

露出オーバーの場合

露出オーバーは基本的に救えることが少ないものです。とくに、階調情報がなくなってしまっているものはどうにもなりませんが、ある程度までのものであれば多少は救うことができます。

Before 2

1 露出オーバーなときはシャドウ部が明るくなりすぎているので、[基本補正]パネルの[黒レベル]をマイナス側に補正して、シャドウ部の黒を引き締めていきます。

2 ハイライト側も気になるようであれば[ハイライト]をマイナス補正して明るさを整えるといいでしょう。

After 2

ホワイトバランスを整える

[ホワイトバランス]と[色かぶり補正]を使用して整える

日陰や太陽が西に傾いてからの撮影では、色温度が変わって自然な色にならないことがあります。そんなときはホワイトバランスを整えてニュートラルな発色にしましょう。

Before 1

[ホワイトバランス選択]で簡単に

1 Dキーで現像モジュールに入ります。まず、逆光で暗くなっていたので[露光量]❶と[シャドウ]❷をプラス補正して露出を整えておきます。

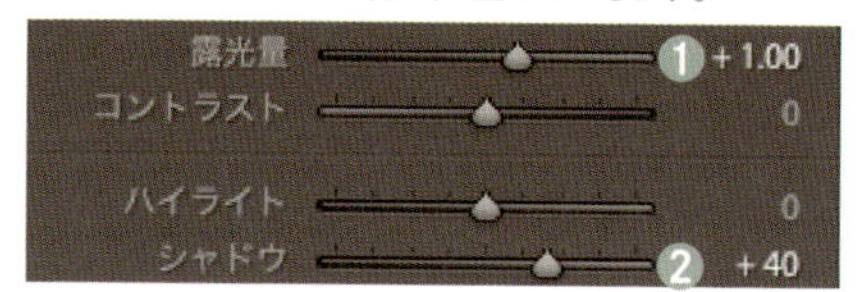

2 ホワイトバランスは[基本補正]パネルの[色表現]で調整しますが、写真の中にニュートラルグレー、あるいは階調情報がある白または黒があれば、その部分を基準にして簡単に補正できます。それには[ホワイトバランス選択]アイコンをクリックします(またはショートカットキーのWを押します)。

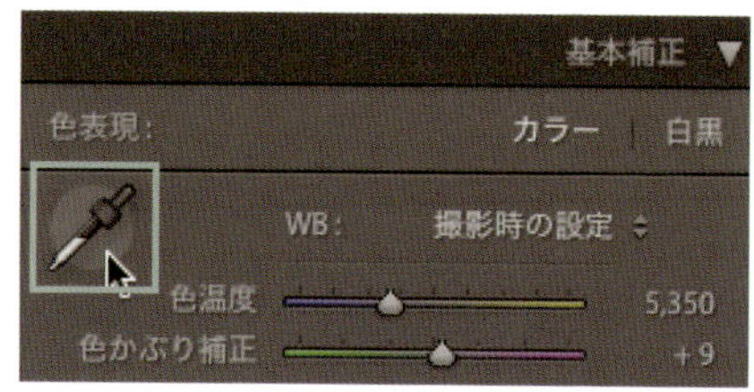

3 カーソルがスポイトアイコンになるので、写真の中にカーソルを移動してみます。

4 ［ナビゲーター］パネルを見ると、カーソルの位置によって写真の色が変わることがわかります。リアルタイムに補正後の色を確認できるのが［ホワイトバランス選択］のメリットです。

5 写真の中で色の偏りがないはずの箇所にカーソルを移動します。路面のペイントは通常ニュートラルな白なのでここをサンプリングすることにしました。

6 クリックすると路面のペイントの色がサンプリングされ、白が白として再現されるように自動的にホワイトバランスが整えられました。

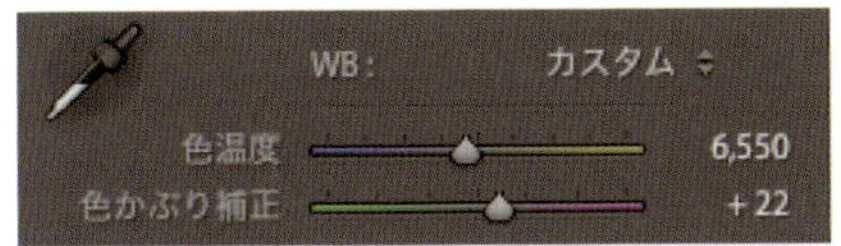

(Point)

写真の中にサンプリングできる色があれば簡単にホワイトバランスを整えることができます。商品撮影を行なう場合などは、同じ照明の条件でカラーチャートなどを撮影しておくと、手間が省けます。

After 1

意図的に色調を変更する

意図的に色調をコントロールしたい場合にも利用できます。ここでは写真全体の色調に暖かみを加えるために色温度を補正していきます。

Before 2

1 Ⓓキーで現像モジュールに入り、[色表現]の[色温度]をイエロー側(右)に操作して青味を除去していきます。やり過ぎると色が不自然になるので、ほどほどにしておきましょう。

WB： カスタム
色温度 5,771
色かぶり補正 +9

2 次に[色かぶり補正]のスライダーをマゼンタ側に操作して、全体に薄くマゼンタを加えます。これによって肌の色がより健康的に見えるようになりました。

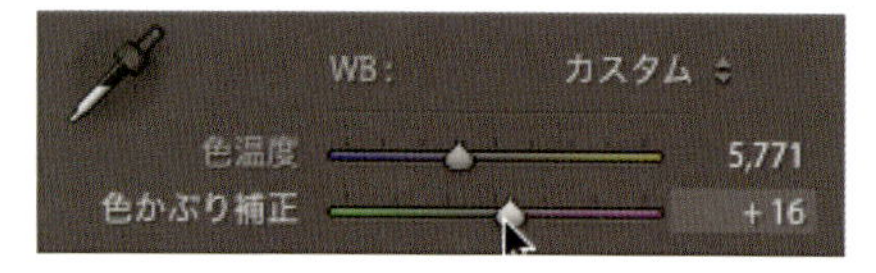

After 2

〔Part〕

3

実践RAW現像テクニック～人物・動物

Tip
23

肌を滑らかにする

[明瞭度]をマイナスにして補正ブラシをかけ[範囲マスク]の[輝度]で肌だけに適用

女性ポートレートでは、肌のトーンを滑らかに仕上げることでより印象がよくなります。若い女性の場合でも一手間加えると喜ばれる写真になるでしょう。

Before

1 Kキーを押して現像モジュールに入り、[補正ブラシ]パネルを表示します。

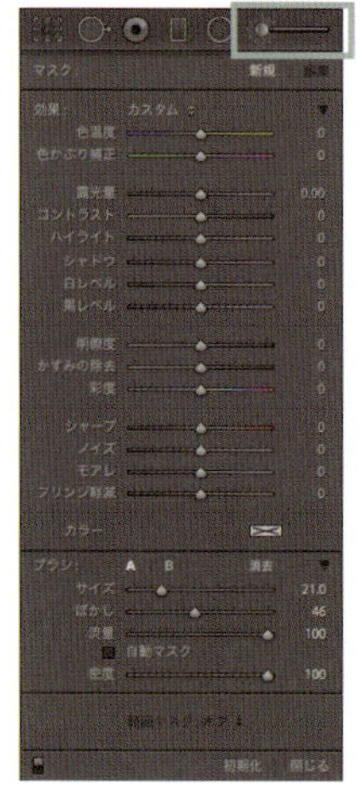

2 カーソルを顔の上に移動し、ブラシのサイズを調整して肌の部分が塗りやすいサイズに設定します。

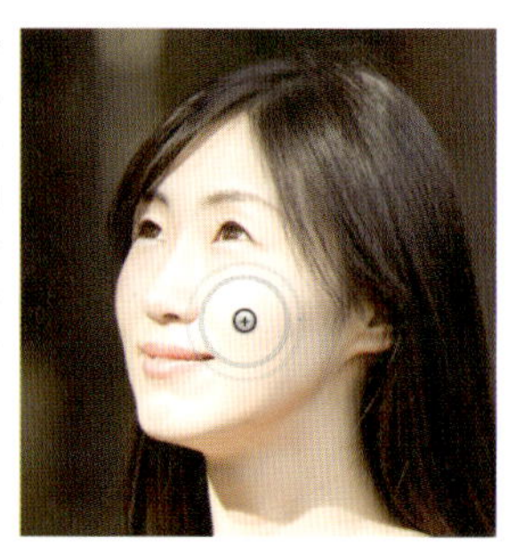

3 [補正ブラシ]パネルの[効果]にある[明瞭度]を－50程度に設定します。

4 肌の部分にブラシをかけていきます。[選択したマスクオーバーレイを表示]をチェックしておくとブラシをかけた箇所がわかりやすいでしょう。多少のはみ出しは気にしないで塗りつぶします。

5 [範囲マスク]をクリックして[輝度]に設定し❶、[範囲]の左側のつまみを右にスライドさせて❷、暗い部分(髪や服)にはみ出している塗りつぶしの効果を除去していきます。顔の周りのはみ出しがなくなる程度に設定します。

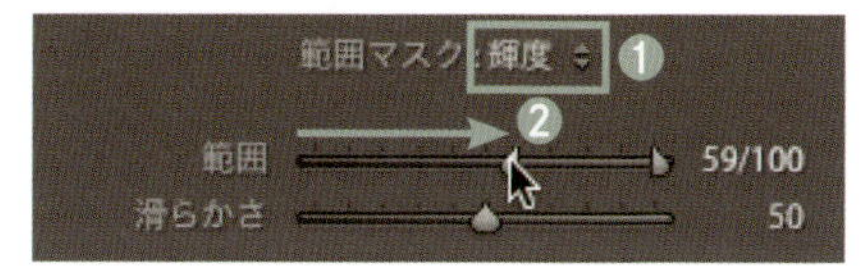

6 Optionキーを押すとブラシが一時的に消去モードになります。ブラシのサイズを調整して、衣装にはみ出している箇所にブラシをかけて消去します。細部の作業は拡大表示するといいでしょう。

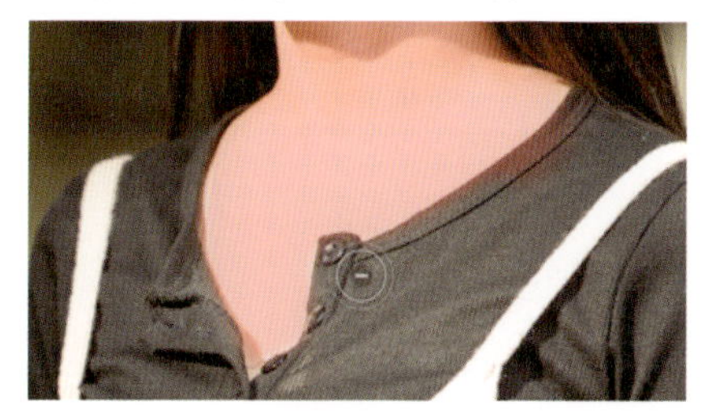

7 最後に目の部分を消去しておきましょう。[選択したマスクオーバーレイを表示]のチェックを外して補正の具合を確認します。補正が足りないようであれば[明瞭度]を適宜調整します。

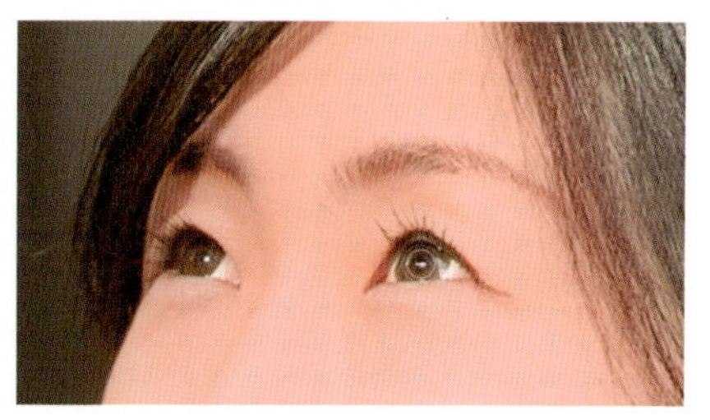

After

Tip
24

肌の色を健康的にする

[補正ブラシをかけて[範囲マスク]の[カラー]で肌だけに[色温度]と[色かぶり補正]を適用]

イルミネーションを光源にして撮影すると、光源の色によっては肌の色があまり健康的に見えなくなってしまうことがあります。そのようなときには全体を調整してしまうのではなく、肌の色調だけを整えるといいでしょう。

Before

1 Kキーを押して現像モジュールに入り、[補正ブラシ]をアクティブにします。

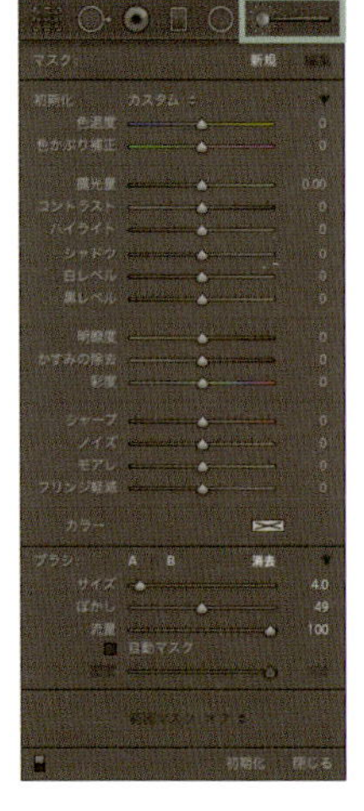

2 顔の上にカーソルを移動して、ブラシのサイズを調整します。多少はみ出しても構わないので、すばやく塗りつぶせるサイズに設定しましょう(ここでは[サイズ]10.0、[ぼかし]50)。

3 プレビューエリア下の[選択したマスクオーバーレイを表示]にチェックして塗っている部分が表示されるようにします。

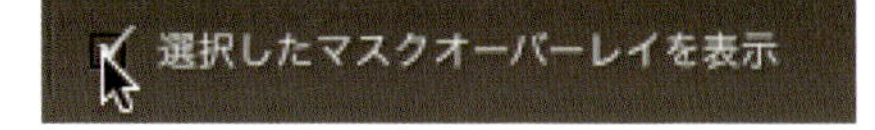

4 顔から首筋にかけて、肌の部分がすべて塗りつぶされるようにブラシをかけます。

5 ［補正ブラシ］パネルの［範囲マスク］で［カラー］を選択します❶。［補正マスク］の［色域セレクター］アイコンをクリックしてアクティブにします❷。

6 カーソルがスポイトアイコンになるのでマスクを残したい肌の部分を選択します。クリックするとその部分に近似のカラーが選択されますが、ドラッグするとドラッグした範囲のカラー全体に近似の部分を選択してくれます。精度を高めたいときはできるだけ広い範囲をドラッグするといいでしょう。

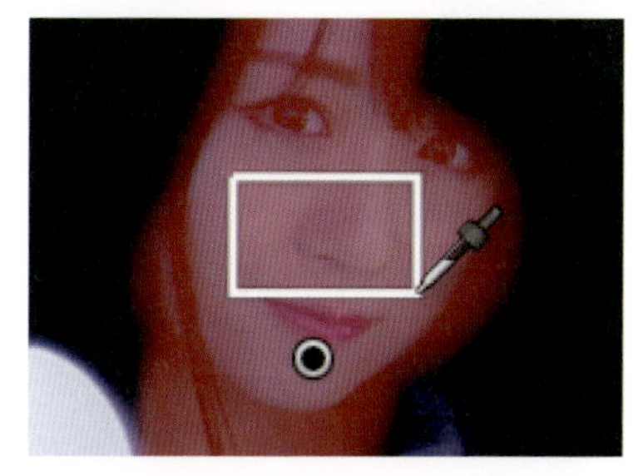

7 ［範囲マスク］の［適用量］スライダーを操作するとマスクの範囲を調整できます。若干はみ出しが多く感じたので、［適用量］を37に設定しました。これで額部分のはみ出しが少なくなっています。

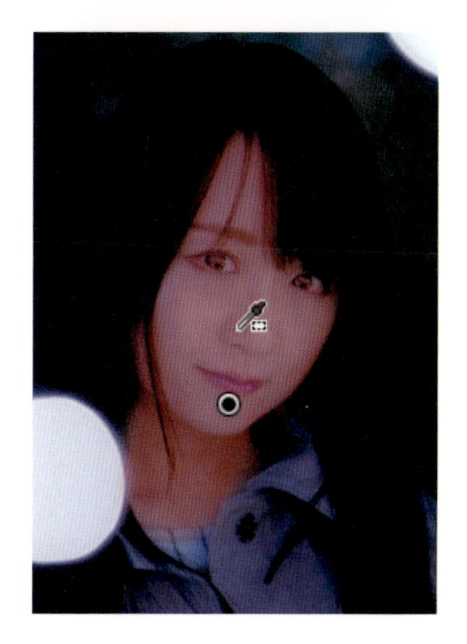

8 ［選択したマスクオーバーレイを表示］のチェックを外して補正の具合が確認できるようにしたら、［補正ブラシ］パネルの［色温度］を右に操作して青味を取り除きます。

9 ［色かぶり補正］のスライダーを右に操作してマゼンタを加え、肌の血色がいい感じに見えるようにします。これでイルミネーションの色は変化させずに雰囲気を保ったままで顔色は健康的に見えるようになりました。

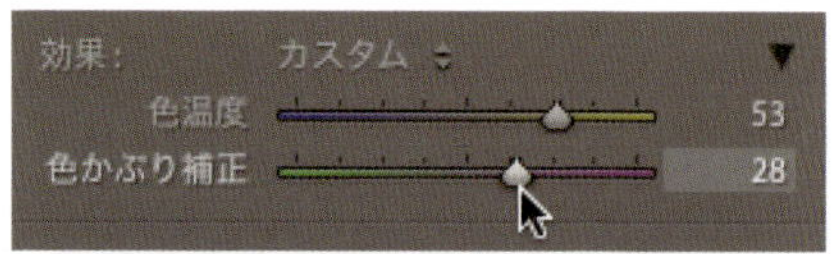

After

Tip 25

人物以外の背景を色鮮やかにする

[自然な彩度]で背景だけを鮮やかにでき [段階フィルター]でマスクも有効

ポートレートで画像の彩度を高めていくと、人物の肌の色が不自然に濃くなってしまいます。そうならないように、背景だけを色鮮やかにしてみましょう。

[自然な彩度]で肌以外を鮮やかに

Before 1

1 Dキーを押して現像モジュールに入ります。[基本補正]パネルの[自然な彩度]スライダーを右に操作して彩度を高めます。[自然な彩度]は赤系以外の彩度を高めてくれるので、肌の色調に影響を与えずにほかの部分の彩度を高めていくことができます。

外観
明瞭度 0
自然な彩度 +72
彩度 0

After 1

2 コントラストを若干高めて色の濃度を少し高め、より色鮮やかにしました。

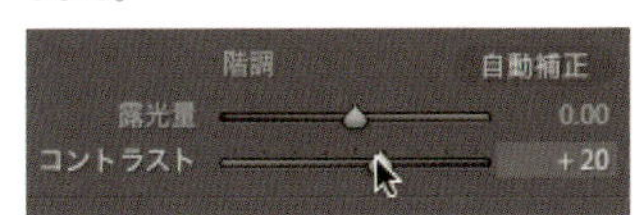

[段階フィルター]とブラシを使う

Before 2

1 夕方の光など、赤味がある光源で撮影していると、[自然な彩度]を使っても図のように肌にも影響が出てしまいます。これはこれで悪くはないですが、もう少し肌への影響を抑えてみます。

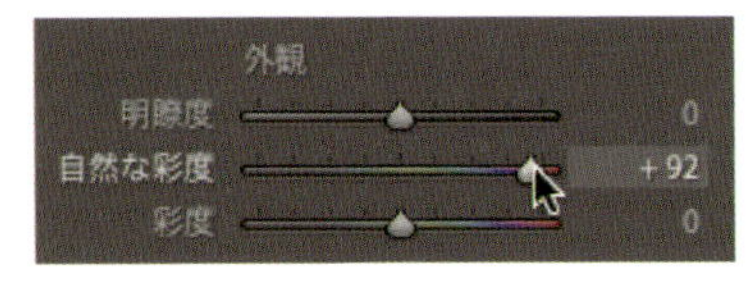

2 現像モジュールでMキーを押して[段階フィルター]をアクティブにします。[選択したマスクオーバーレイを表示]をチェックし、段階フィルターを作ります。この後、動かして全体をマスクするので幅はわずかで構いません。

3 画面の外（図では上）にフィルターを移動して、写真全体を選択します。

4 ［段階フィルター］パネルの［ブラシ］をクリックしてブラシによるマスク編集を可能にします。

5 ブラシのサイズを調整して、Option キーを押しながらブラシをかけ、顔部分の塗りつぶしを消去します。髪などの消去しすぎた部分は、Option キーを放して通常のブラシで整えます。

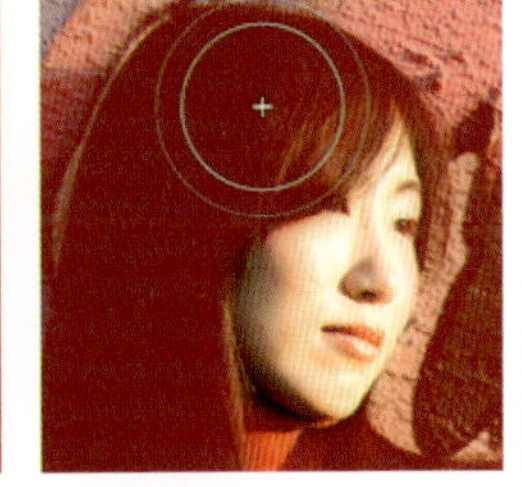

6 ［選択したマスクオーバーレイを表示］のチェックを外し、［段階フィルター］パネルの［彩度］を右に操作して彩度を高めます。顔以外の部分を色鮮やかにすることができました。

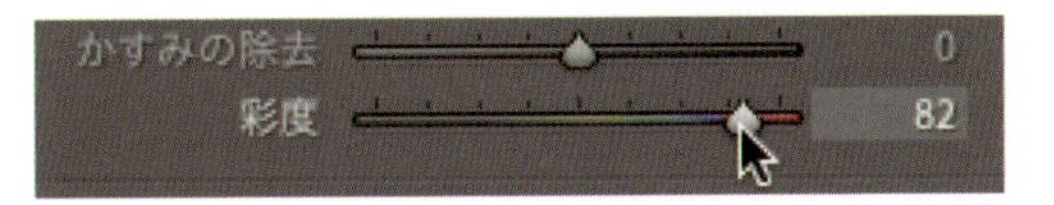

After 2

Tip
26

目立つ影を薄くする

[シャドウ]で明るくし、補正ブラシで顔の[明瞭度][露光量]を調整

きつい影はポートレートでは避けたいもの。できるだけ影が目立たなくなるように調整を加えていきます。

Before

1 Dキーを押して現像モジュールに入ります。[基本補正]パネルの[シャドウ]スライダーを右に操作して暗くなっている影の部分を明るくします。作例のようにコントラストが強めの写真なら、かなり強めに補正を加えていいでしょう。

2 顔だけを補正ブラシでさらに明るくします。Kキーを押して[補正ブラシ]をアクティブにし、[選択したマスクオーバーレイを表示]をチェックします。

✔ 選択したマスクオーバーレイを表示

3 顔が塗りやすいようにブラシサイズを設定し、顔と首元の肌が見えている部分にブラシをかけます。

4 [選択したマスクオーバーレイを表示]のチェックを外し、[補正ブラシ]パネルの[シャドウ]スライダーを右に操作して影をより薄くすると同時に肌を明るくします。

5 [明瞭度]スライダーを左に操作して肌のトーンを滑らかにすると同時に、明暗差をなだらかにします。

6 最後に[露光量]スライダーを右に少し操作して、肌のトーンをわずかに明るくしました。

After

擬似ソフトフォーカスで柔らかな雰囲気に

[明瞭度]をマイナスにしてにじませて[露光量][コントラスト][シャドウ]で調整

現像モジュールでパラメータを調整すると、疑似的にソフトフォーカスの写真を作り出すことができます。

Before

ソフトフォーカスに演出

1 Ⓓキーを押して現像モジュールに入ります。[基本補正]パネルの[明瞭度]をマイナスに操作します。ソフトフォーカスにする場合は最大値にしてしまっていいでしょう。

2 全体の明るさを調整するために、[露光量]をプラス補正します。肌のトーンが明るく見えるように、やや強めに補正してあげるといいでしょう。

階調　自動補正
露光量　+0.60
コントラスト　0

3 柔らかな感じにするために、[コントラスト]をマイナスに操作して全体のトーンを滑らかにします。

4 さらにソフトな感じをだすために、[シャドウ]をプラスに補正して光がにじんでいる感じを強めます。

夜空だけ暗くする

左上の空が白っぽく見えるので夜空らしくなるように、補正ブラシで部分的に明るさを調整します。

1 Kキーで補正ブラシをアクティブにして、夜空部分を塗りやすいサイズにブラシを調整します。イルミネーションに影響を与えないように、[ぼかし]を50前後にしておきます。

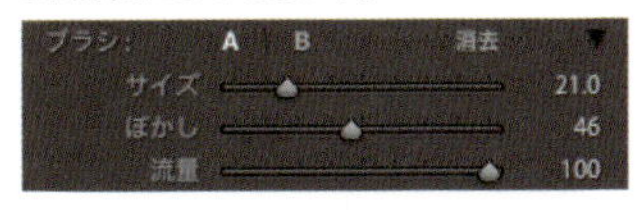

Point

ブラシのサイズはショートカットの[キーで縮小、]キーで拡大できます。

2 ［補正ブラシ］パネルの［露光量］をマイナスにして、夜空部分にブラシをかけます。ここでは−0.5にしました。イルミネーション部分まで暗くなってしまったらOptionキーを押しながらドラッグして除外します。

3 もう少し暗くてもいいと思ったので、［露光量］を−0.7に調整しました。部分補正はこのようにブラシをかけたあとでも調整可能です。

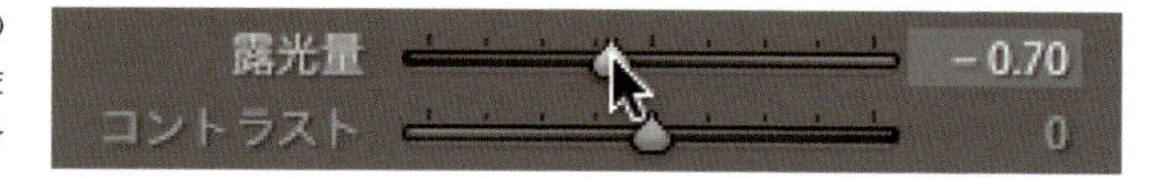

After

Tip
28

逆光で暗くなっている人物を明るく

↓

[シャドウ]で人物の明るさを調整し 明るくなりすぎた背景の明るさも調整する

背景が明るいとそちらに露出が引っ張られて人物が暗くなってしまうことがあります。そのようなときには暗くなっている部分を明るくしてあげましょう。

Before

1 Dキーを押して現像モジュールに入り、[基本補正]パネルの[シャドウ]スライダーを右に操作して、暗くなっている人物を明るくしていきます。

2 もう少し顔の明るさを調整したいので、Kキーを押して[補正ブラシ]をアクティブにします。顔を塗るのに適当なブラシサイズに調整します。

ブラシ:	A	B	消去
サイズ			7.0
ぼかし			50
流量			100

3 顔が明るくなるように、[補正ブラシ]パネルで[露光量]❶を0.3、[コントラスト]❷を－5、[ハイライト]❸を－6、[シャドウ]❹を10に設定し、顔から首にかけてブラシをかけて補正を適用します（補正値は写真によって調整します）。

露光量 0.30 ❶
コントラスト －5 ❷
ハイライト －6 ❸
シャドウ 10 ❹
白レベル 0

4 被写体が女性ですので、肌のトーンが滑らかになるように[補正ブラシ]パネルの[明瞭度]を－20にしました。

明瞭度 －20
かすみの除去 0

6 [補正ブラシ]パネルの[露光量]を－0.4に設定し、ブラシのサイズを背景が塗りやすいサイズになるように大きくします。

露光量 －0.40
コントラスト 0

7 背景部分にブラシをかけていきます。腰掛けている手すりより上の、背後の池から木々にかけての明るさを落とします。

8 木々の色を鮮やかにするため、[補正ブラシ]の[彩度]を少し強めの30に設定しました。

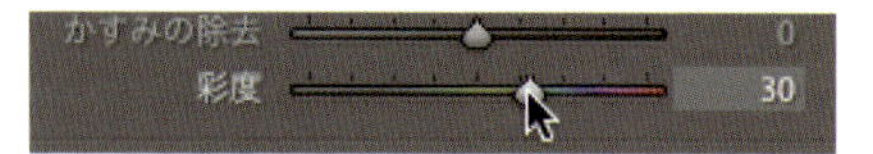

5 背景が明るくなりすぎたので調整します。[補正ブラシ]の[マスク]で[新規]をクリックして新しいブラシの設定を作ります❶。顔を補正した設定が残っているので、[効果]をダブルクリックして初期状態に戻します❷。

After

Tip

29

目を明るくして目力を強調

[円形フィルター]で簡単に明るさ調整ができる

ポートレートでポイントになるのは目です。明るさを調整して視線を引きつける目に仕上げましょう。

Before

1 Shift＋Mキーを押して現像モジュールに入り、[円形フィルター]をアクティブにします。[ナビゲーター]パネルにカーソルを移動するとカーソルが虫眼鏡アイコンに変わるので、目の間付近をクリックしてプレビュー画像を拡大します。

2 目の付近でマウスをドラッグして、目の形に近い楕円を描きます。

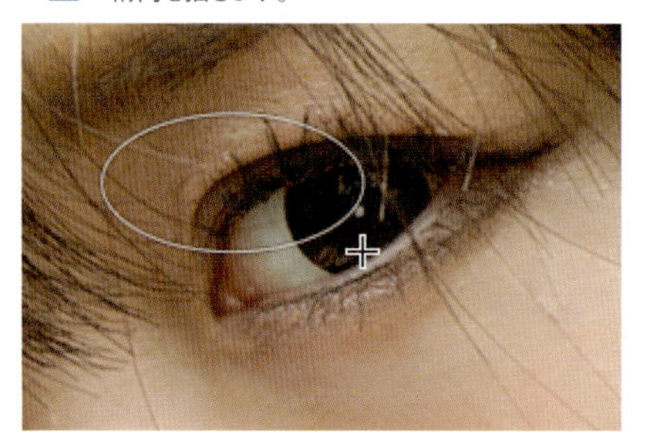

3 楕円の中をドラッグすると移動できるので、目の位置に合わせます。

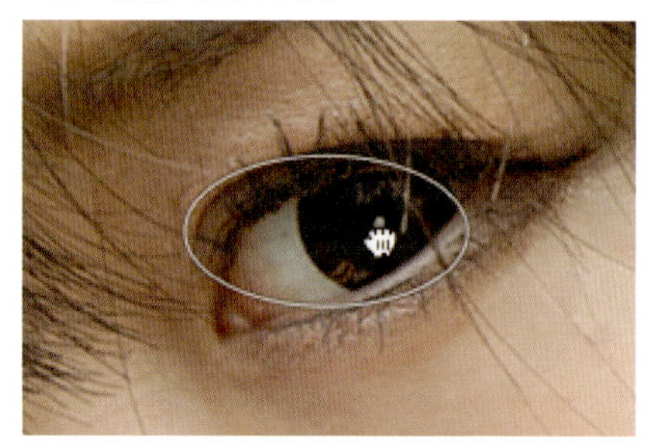

4 楕円の外側にカーソルを近づけるとカーソルが回転アイコンに変わるので、回転させて傾きを合わせます。

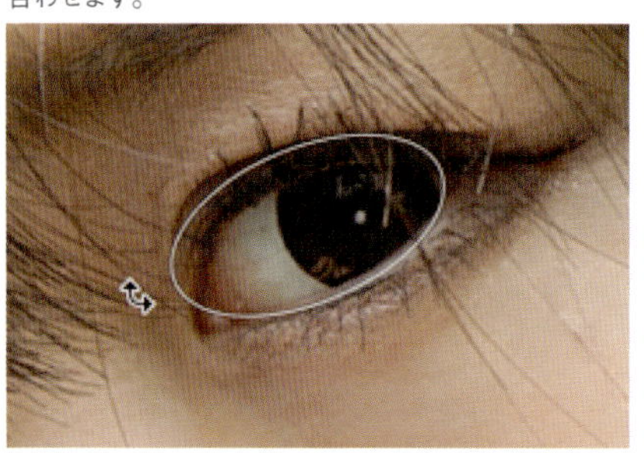

5 楕円の4か所にある□をドラッグすると天地左右の大きさが調整できます。

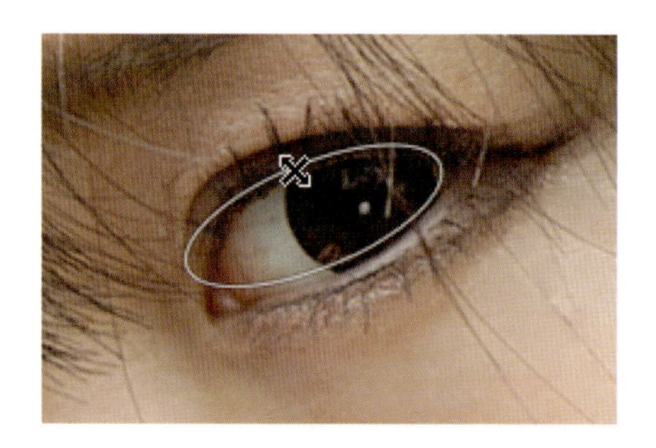

6 目に合うように楕円の形状が調整できたら、[円形フィルター]パネルの[反転]をチェックして、円の内側に効果が加わるようにします。チェックしないと円の外側に効果が加わります。

7 [露光量]をプラスに補正します。やり過ぎると不自然になるので、プレビューを見ながら補正しましょう。

露光量 0.60
コントラスト 0

8 ［円形フィルター］の［ぼかし］スライダーを左に操作してぼかしを減らし、目全体が明るくなるようにします。

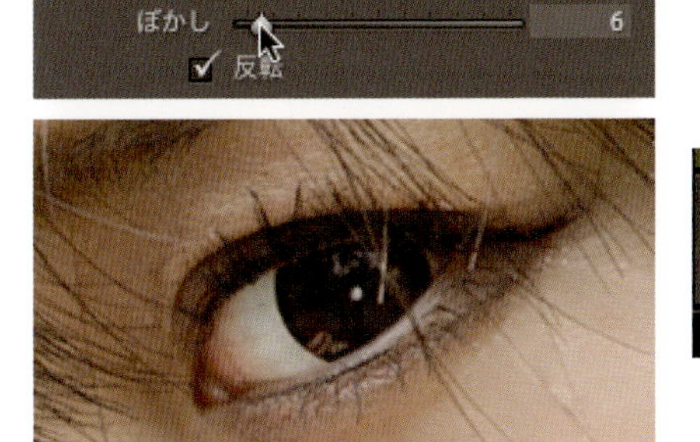

Point

プレビューの下にある［編集ピンを表示］を［自動］に変更するとカーソルをプレビューから外すと楕円が表示されないようになるので、画像の変化がわかりやすくなります。

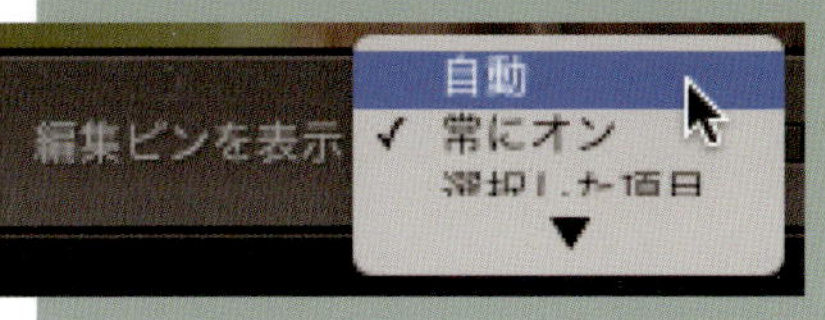

9 ［円形フィルター］パネルの［白レベル］と［黒レベル］をそれぞれ調整して、白目部分はより白く、黒目は明るくなりすぎないようにします。

10 もう一方の目も同様にして明るさを調整します。現バージョンでは設定をコピーすることができないので、別途調整する必要があります。

After

Tip 30

肌の透明感を演出する

[露光量]や[明瞭度][シャドウ]などを調整して明るさを際立たせ、透明感を演出する

女性ポートレートでは柔らかな印象にすると同時に、肌がきれいに見えるように仕上げていくことが大切です。被写体となった人に喜んでもらえるように調整していきましょう。

Before

1 Dキーを押して現像モジュールに入ります。[基本補正]パネルの[露光量]をプラス補正して肌の明るさを調整します。メインになるのは肌の明るさなので、背景が多少明るくなりすぎたりするのは気にしなくて大丈夫です。

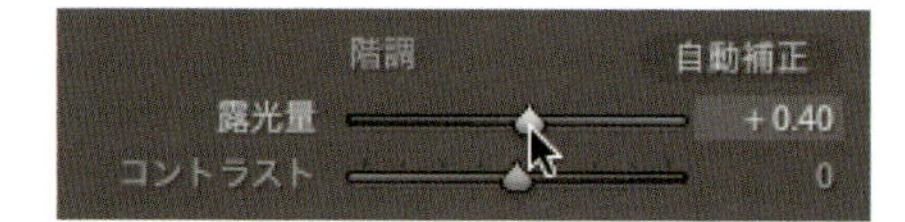

2 全体的に明るく見えるようにするために[シャドウ]をプラス補正します❶。さらに柔らかな光の感じを出すため、[コントラスト]をマイナス補正します❷。

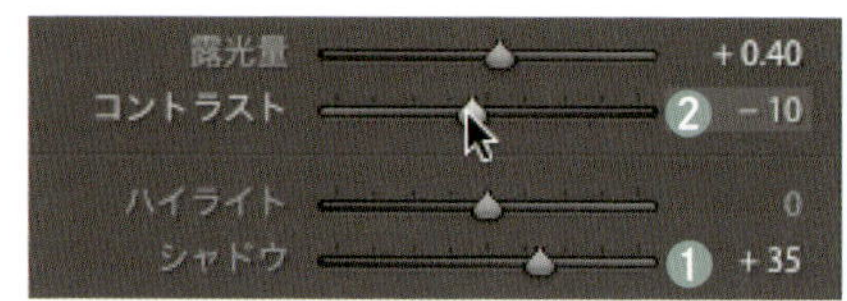

3 Kキーを押して[補正ブラシ]をアクティブにします。肌をより滑らかにみせるために[補正ブラシ]の[明瞭度]をマイナスに設定します。

4 カーソルを顔の上に移動し、ブラシのサイズを塗りやすい大きさに設定します。[ぼかし]は少し弱めにしておくといいでしょう。

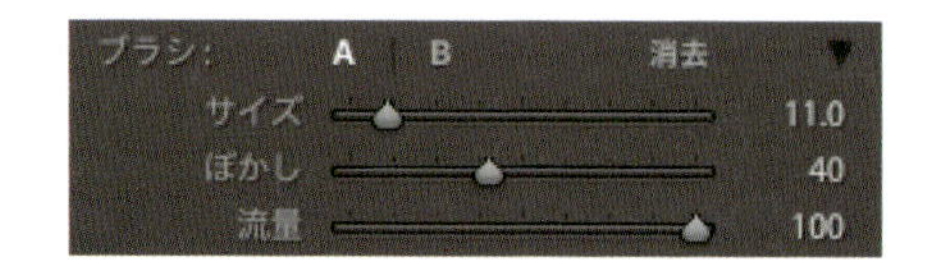

5 ［選択したマスクオーバーレイを表示］をチェックして❶、塗った範囲が視認できるようにしてブラシをかけます❷。

6 はみ出した部分はOptionキーを押して消去モードにしたブラシで整えます。完了したら［選択したマスクオーバーレイを表示］のチェックを外します。

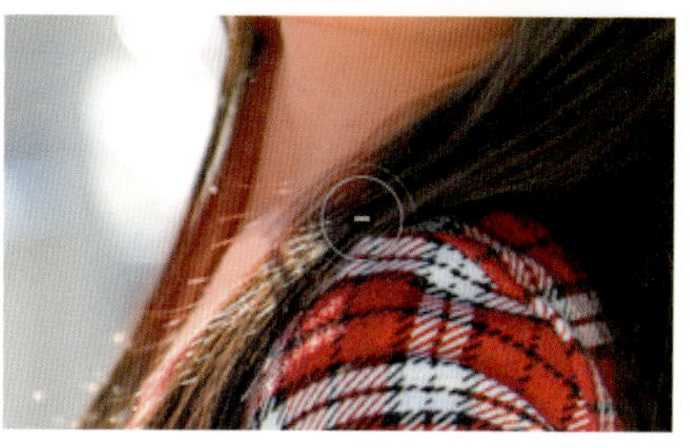

7 ［補正ブラシ］の［シャドウ］をプラス補正し❶［露光量］もプラス補正して❷さらに肌の明るさを強調します。

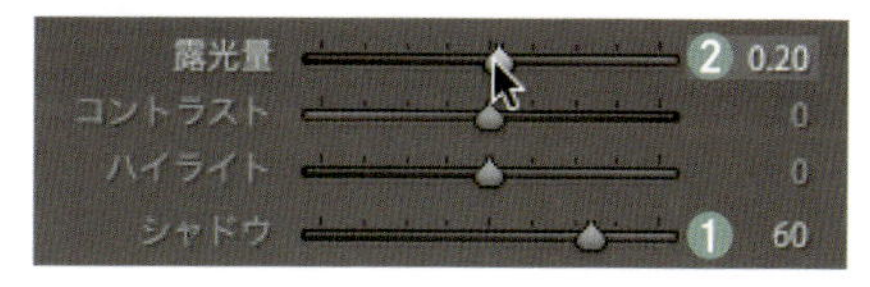

8 瞳の明るさを少し抑えるために［黒レベル］を少しだけマイナスに補正します。やり過ぎると全体も暗くなってきてしまうので注意します。

9 プレビューを拡大して、肌の滑らかさと透明感を確認します。［明瞭度］のマイナス補正を強くしていくとにじみが発生して透明感が強まるので、必要であればさらに補正を加えます。

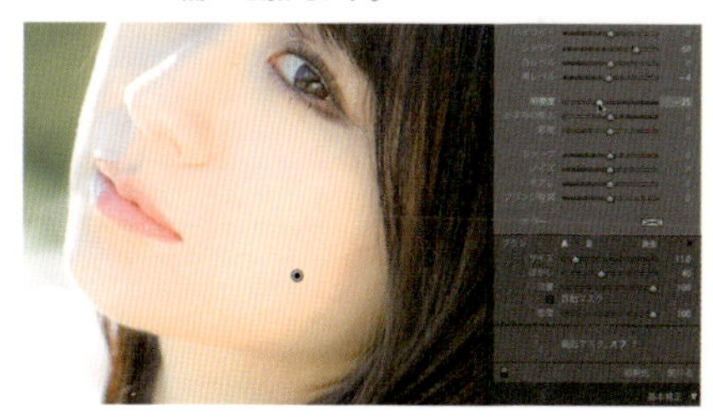

Tip 31

目立つ傷跡やほくろを消す

[スポット修正]ツールを使って簡単に修正できる

撮影時にニキビや傷跡が写っていたり、アングルによっては変に目立ってしまうほくろを消したいこともあるでしょう。比較的簡単な修正であればLightroomでも行なうことができます。

Before

1 Ⓟキーを押して現像モジュールに入り、[スポット修正]ツールをアクティブにします❶。右頬のほくろを消すので、プレビューを拡大して作業しやすくします❷。

2 カーソルをほくろの位置に合わせ、ほくろのサイズにできるだけ近い大きさになるようにサイズを調整します。周囲と自然になじむように[ぼかし]を大きめに設定します(ここでは70)。

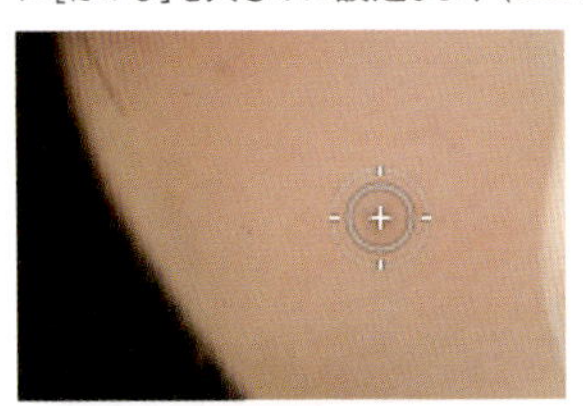

ブラシ:	コピースタンプ	修復
サイズ		59
ぼかし		70
不透明度		100

(Point)

ブラシのサイズは、クリック後にも変更できます。ブラシの外周にカーソルを合わせると図のようにアイコンが変化するので、ドラッグして拡大／縮小できます。

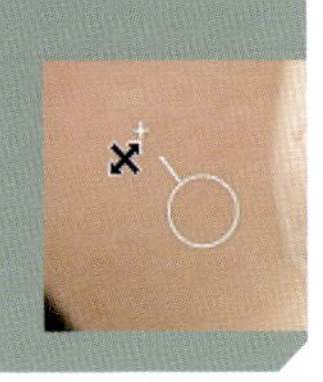

3 ブラシのサイズが決まったら、クリックして修正を加えます。クリックすると自動的にサンプリングする位置が決められて表示されます。

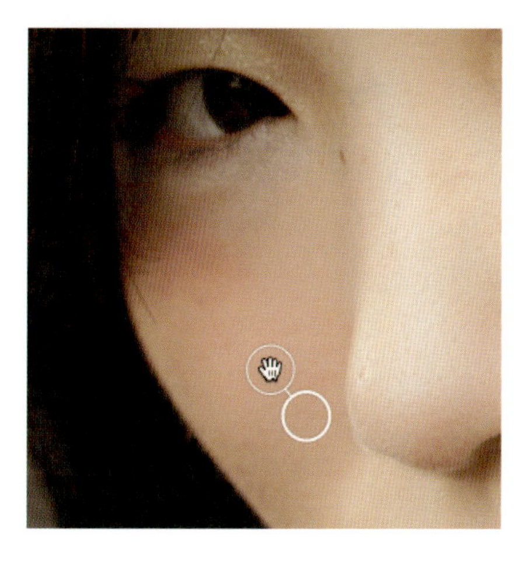

4 [ツールオーバーレイ]を[常にオフ]に設定して修正した箇所がわかりやすいようにして、結果を確認します。ほくろがきれいに消えていて、周囲に自然になじんでいれば成功です。

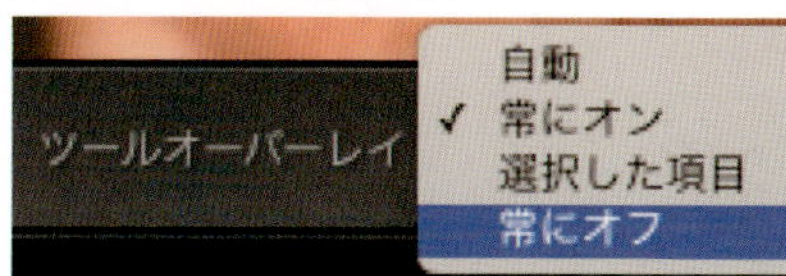

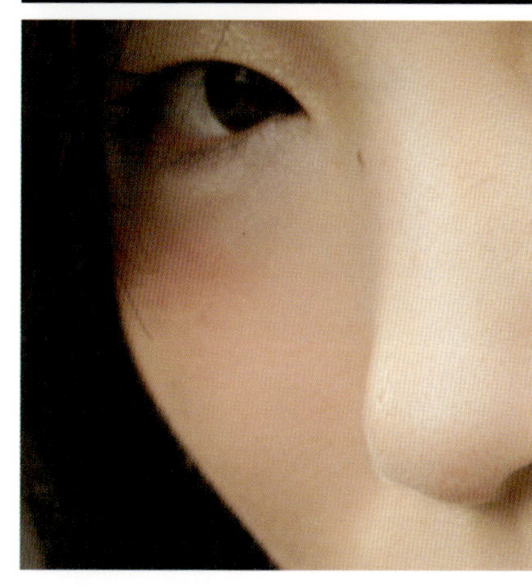

Point

[スポット修正]のサンプリング位置は任意の位置に設定することができます。/(スラッシュ)キーを押すと、自動的にサンプリングに適している箇所が再選択されます。それでうまくいかない場合は、カーソルをサンプリングの円の中に入れると手のひらアイコンになるので、ドラッグして任意の位置に移動するといいでしょう。

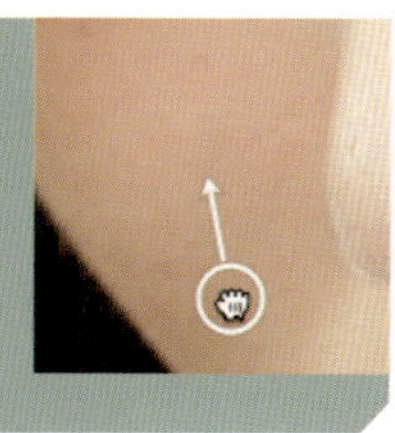

After

Tip 32

唇の色を健康的にみせる

[補正ブラシ]で必要な部分だけに補正を加える

光の状態など、撮影条件によってはメイクの具合を修正したいと思う場合もあります。ここでは唇の色を変化させてより健康的に見えるようにしてみます。

Before

1 Kキーを押して現像モジュールに入り、[補正ブラシ]をアクティブにします❶。作業しやすいように[ナビゲーター]パネルで唇付近をクリックしてプレビューを拡大表示します❷。

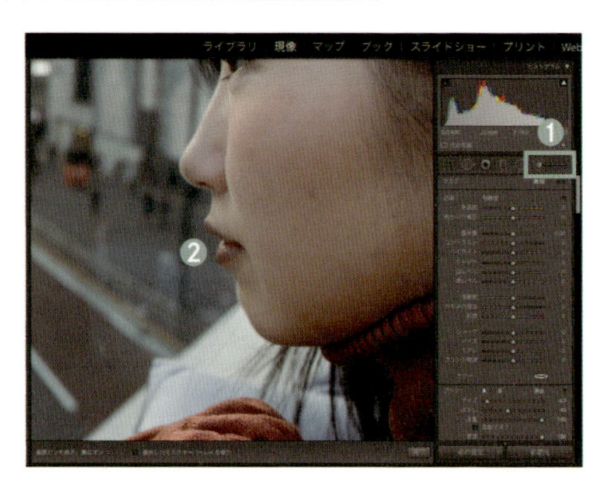

2 カーソルを唇の上に移動し、ブラシを塗りつぶしやすいサイズに調整します。[ぼかし]は少なめの40程度に調整しました。

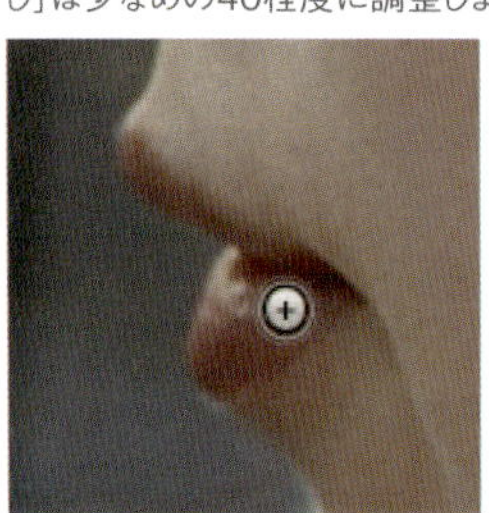

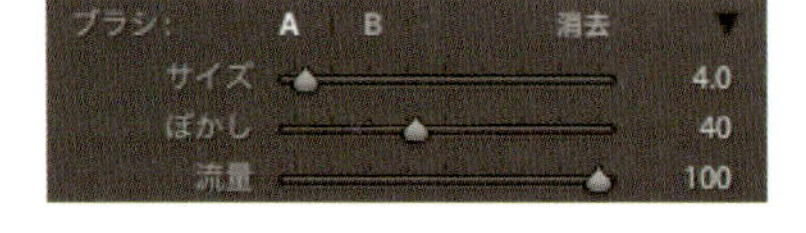

3 [選択したマスクオーバーレイを表示]にチェックを入れます。

選択したマスクオーバーレイを表示

4 ブラシで唇部分を塗りつぶします。はみ出した部分はOptionキーを押して消去モードにしたブラシで修正します。完了したら[選択したマスクオーバーレイを表示]のチェックを外します。

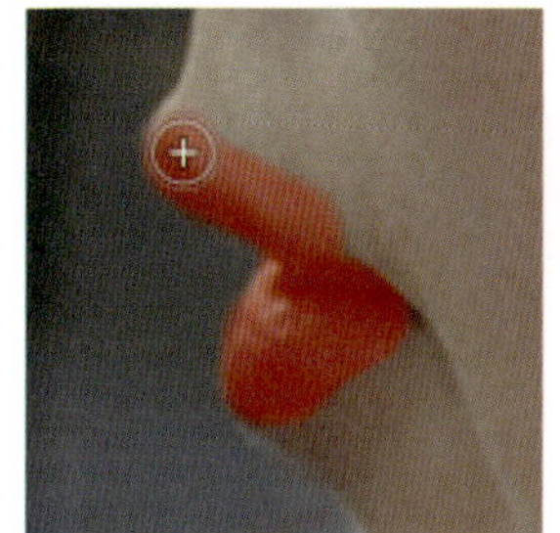

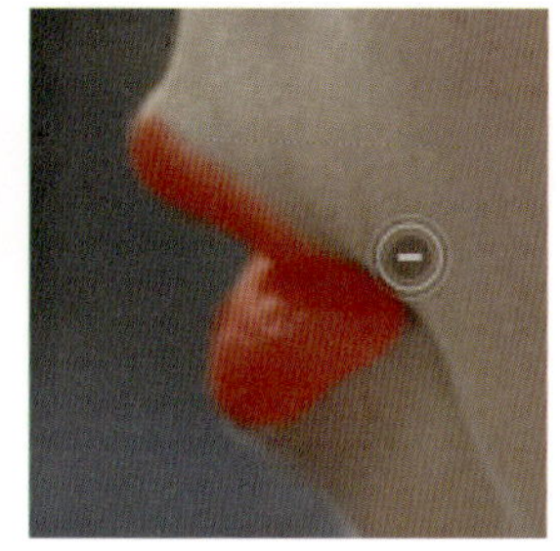

5 [補正ブラシ]の[色かぶり補正]をマゼンタ側(右)に補正して赤味を加え健康的な色にしていきます。

6 [露光量]をわずかにプラス補正して明るくし、血色がよく見えるようにします❶。最後に[彩度]をプラス補正しました❷。

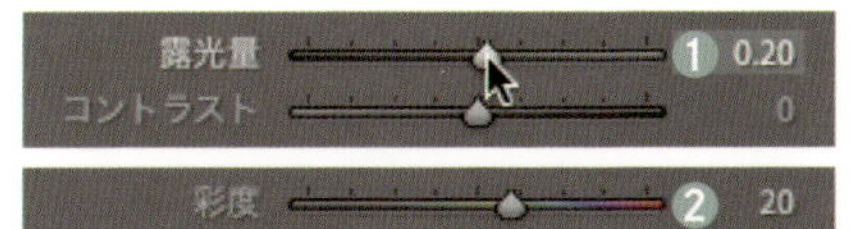

7 Yキー([表示]メニューの[補正前/補正後]→[左/右])を押して比較してみると健康的な色になったことがわかります。

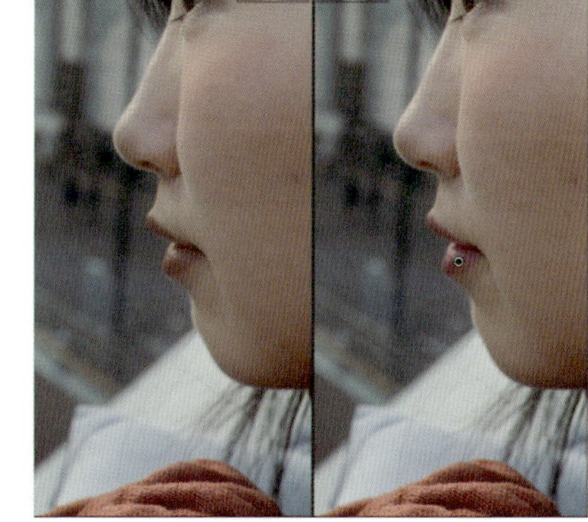

After

目の下の影や隈を目立たなくする

[シャドウ]と[明瞭度]を使って[補正ブラシ]でピンポイント補正

光によっては目の下に強い影ができて目立つことがあります。また、隈ができている場合にも、できるだけ目立たなくなるように調整を加えるといいでしょう。

1 Kキーを押して現像モジュールに入り、[補正ブラシ]をアクティブにします❶。[ナビゲーター]パネルで顔の部分をクリックして、プレビューを拡大表示します❷。

2 目の下の影部分に適したサイズになるように、ブラシのサイズを調整します。[ぼかし]は大きめに設定してブラシをかける部分が周囲と自然になじむようにします。

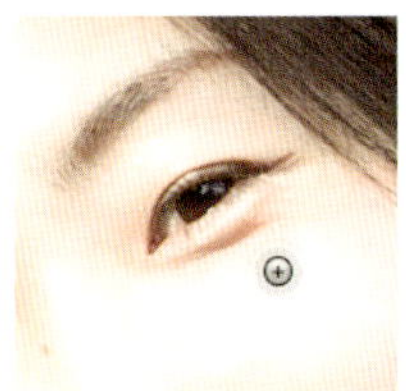

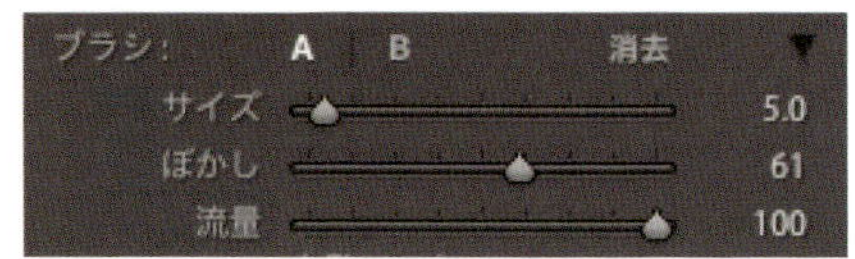

3 目立たなくしたい影の部分がマスクされるようにブラシをかけます。

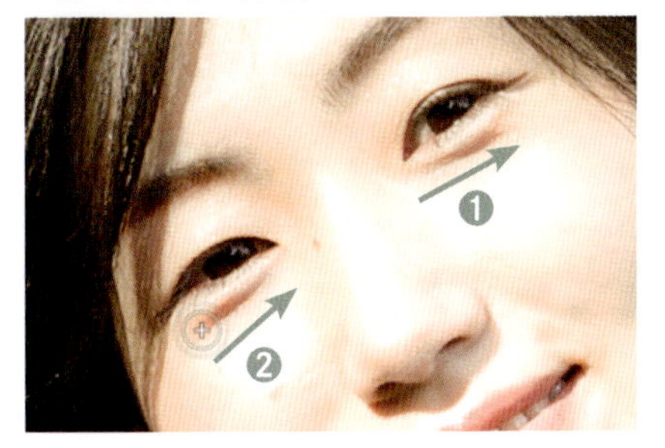

4 [補正ブラシ]の[シャドウ]をプラスに補正します。影がきつい場合は目一杯補正してしまって構いません。

5 [明瞭度]をマイナス補正します。きつい影が薄くなり目立たなくなりました。これなら涙袋の影がでているだけという自然な感じに見えます。

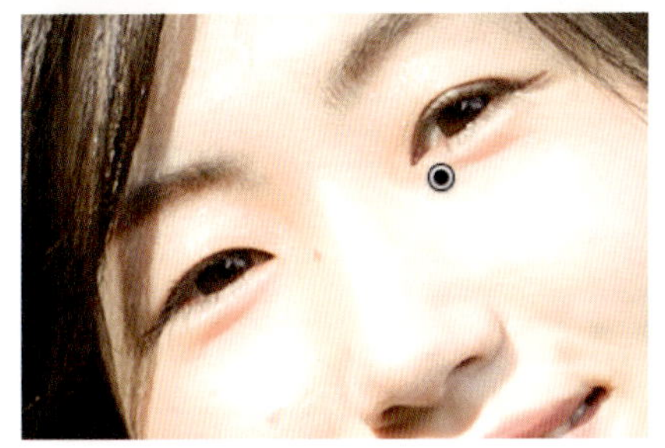

(Point)

一度のブラシで補正しきれなかった場合は、再度[補正ブラシ]をかけることで効果を重ねることができます。[補正ブラシ]パネルの[マスク]で[新規]を選択すると新しいブラシ設定になりますので、最初にかけたブラシの[編集ピン]とは違う位置からブラシをかけます。

After

しわを目立たなくする

[スポット修正]を使って肌理をなじませる

笑うとどうしても目尻にしわができるものですが、できればあまり目立たないようにしたいものです。[スポット修正] を使って隠してしまいましょう。

Before

1 Ⓟキーを押して現像モジュールに入り、[スポット修正]をアクティブにします❶。[ナビゲーター]パネルの顔の部分をクリックしてプレビューを拡大表示します❷。

2 目立たなくしたいしわの付近にカーソルを合わせ、ブラシのサイズを調整します。あまり大きくならないようにし、周囲と自然になじむように、[ぼかし]を大きめに設定します。

3 効果を確認しながら作業したいので、[ツールオーバーレイ]を[自動]に設定します。

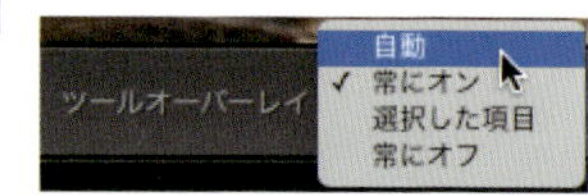

4 しわにそってブラシをかけます。サンプリングの位置が望んだ箇所にならなかった場合は、/キーを押して、自然になる箇所を探します。またはドラッグして変更します。

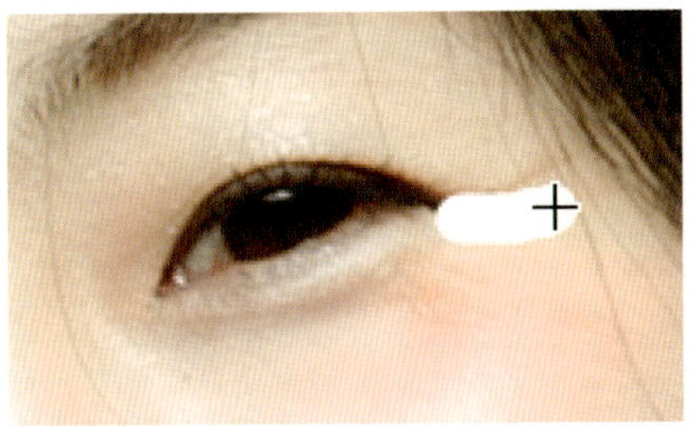

5 カーソルをプレビューエリアの外に出すとツール枠が非表示になり、効果を確認しやすくなります。

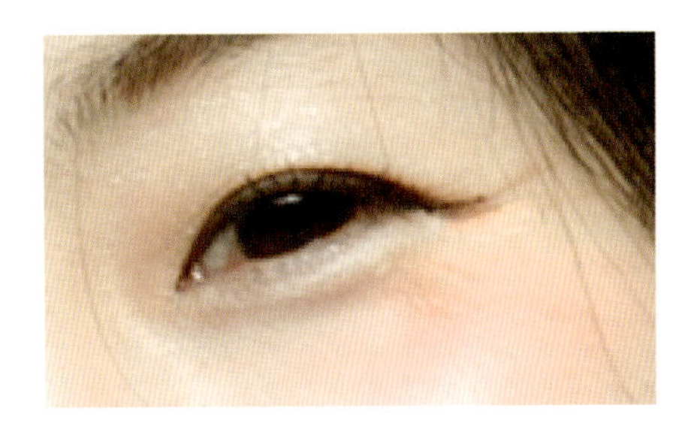

6 一度に塗りつぶしてしまうとサンプリングにも広い面積が必要になるので、きれいに隠すことができなくなる場合があります。このように複数回に分けるといいでしょう。

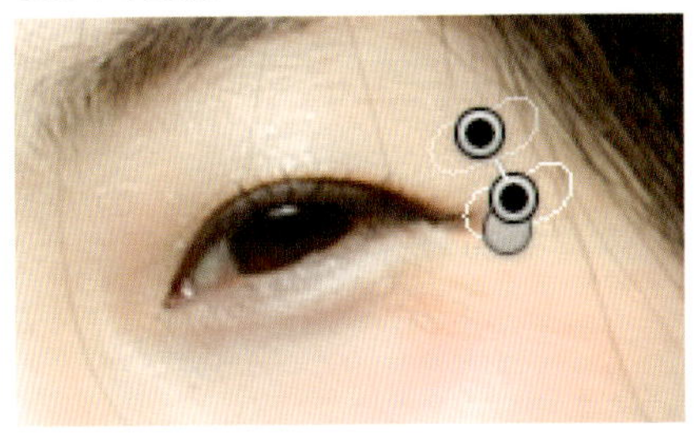

7 同様にもう一方の目尻にもスポット修正を行ないます。

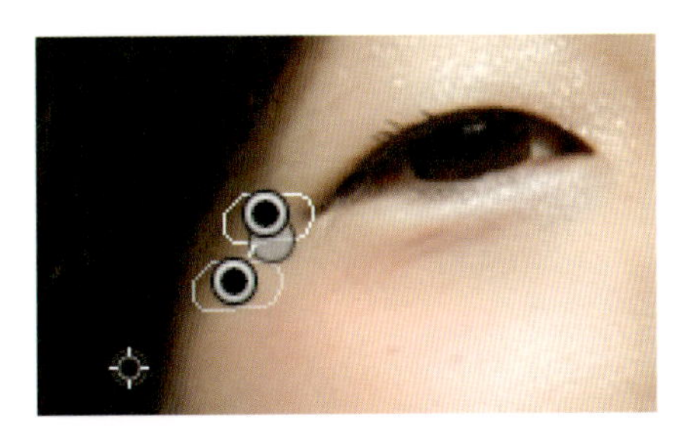

8 最後に、口元で若干気になった部分にもブラシをかけてしわを目立たなくしました。

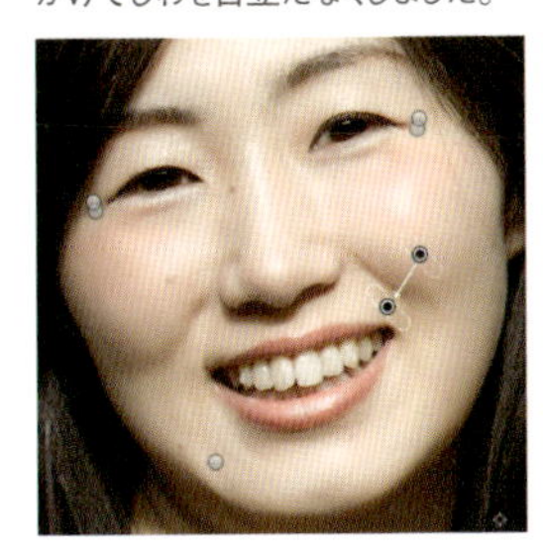

After

デコルテをきれいにみせる

[シャドウ]で明暗を抑えて[明瞭度]で滑らかにする

光の当たり方によっては陰影が多く出てしまうことがあるデコルテ部分。滑らかなトーンにすることできれいに見えるようになります。

Before

1 Kキーを押して現像モジュールに入り、[補正ブラシ]をアクティブにします。肌の部分にブラシをかけやすいようにブラシのサイズを調整します。[ぼかし]は50程度でいいでしょう。

ブラシ： A B 消去
サイズ 6.0
ぼかし 61
流量 100

2 [選択したマスクオーバーレイを表示]にチェックを入れます。デコルテから顔にかけて、肌が見えている部分にブラシをかけていきます。

✓ 選択したマスクオーバーレイを表示

3 [補正ブラシ]パネルにある[範囲マスク]を[カラー]に設定して❶、左の[色域セレクター]アイコンをクリックします❷。カーソルがスポイトアイコンに変化します。

4 デコルテ部分をドラッグして広い範囲のカラーを選択基準として定義します❶。これで髪の毛にはみ出していた部分が少なくなります。[適用量]の数値を減らしてさらにはみ出しを減らします❷。必要な部分も選択から外れてしまう場合はこの操作は不要です。

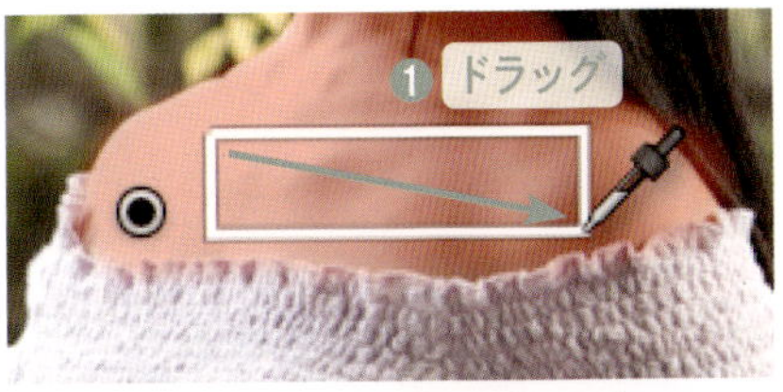

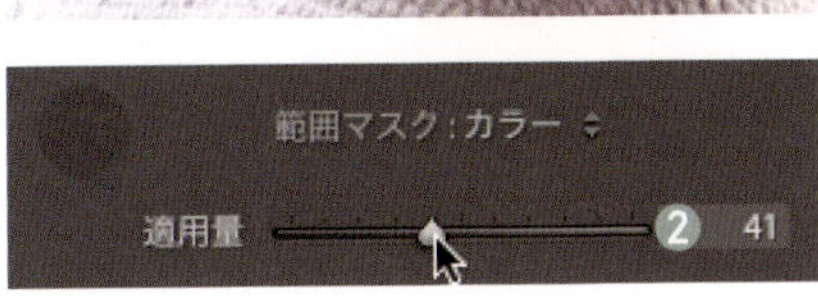

5 [選択したマスクオーバーレイを表示]のチェックを外して[補正ブラシ]の効果を設定していきます。[シャドウ]をプラス補正し❶陰影を目立たなくします。被写体の状況によりますが、作例のように陰影が比較的はっきりしている場合は強く補正しましょう。[明瞭度]をマイナス補正して❷肌のトーンを滑らかにします。[コントラスト]をマイナス補正して❸さらに陰影を目立たなくします。

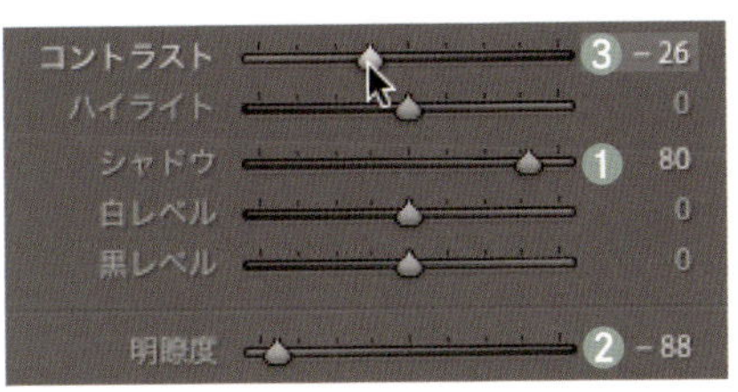

6 Option キーを押してブラシを消去モードにした状態で、[流量]のスライダーを操作して低め（ここでは21）に設定します。

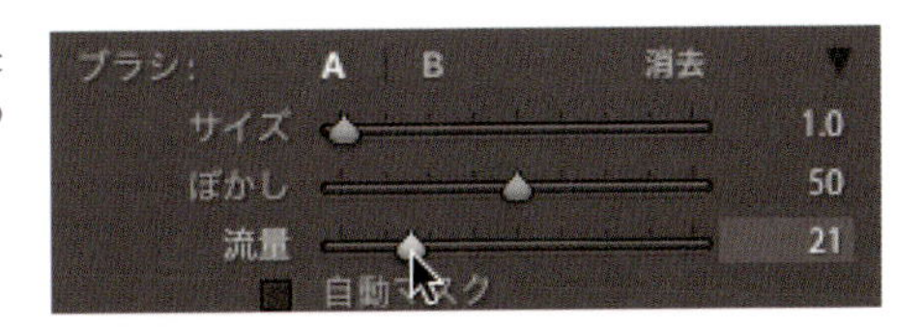

7 マスクの細かい部分を修正するために、プレビューを拡大表示します。ブラシのサイズを大きめに設定して、明るくなりすぎている前髪部分にブラシをかけて、不自然ではない程度の明るさになるようにマスクの濃度を調整します。

8 ブラシのサイズを調整して、首筋に流れている髪部分のマスク濃度も同様にして調整します。

9 消去モードの[流量]を100に戻し、サイズをさらに小さくして、明るくなりすぎている目の部分のブラシを除去します。肩にかかる髪にはみ出しているブラシも除去しました。

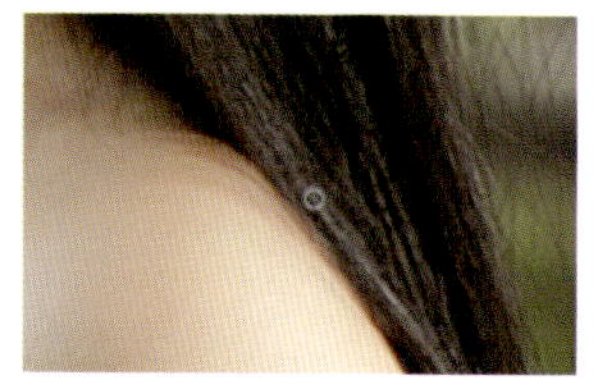

10 プレビューを全体表示に戻し、左手にもブラシをかけて肌の明るさを揃えておきます。

After

Tip 36

毛並みの緻密さをより高める

[明瞭度]や[シャープ]を適用して明るさを調整する

犬やネコなど毛並みが特徴のひとつでもある動物は、その毛並みの緻密な感じをできるだけ見せたいものです。柔らかな感じを損なわずに緻密な毛の感じを高めてみましょう。

Before

1 Ⓓキーを押して現像モジュールに入り、[明瞭度]をプラス補正します。強く補正しすぎると不自然になるので、20程度がいいでしょう。

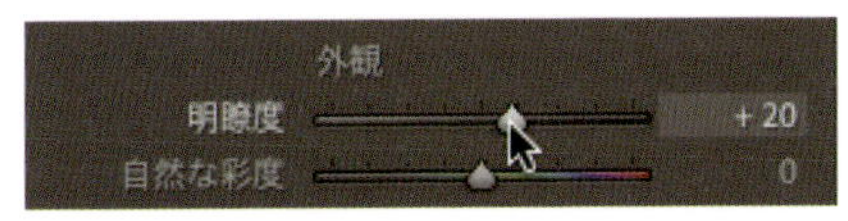

2 [ディテール]パネルを展開して表示し、[シャープ]の[適用量]を調整します。これも強くしすぎると不自然になるので低めの数値に抑えます。

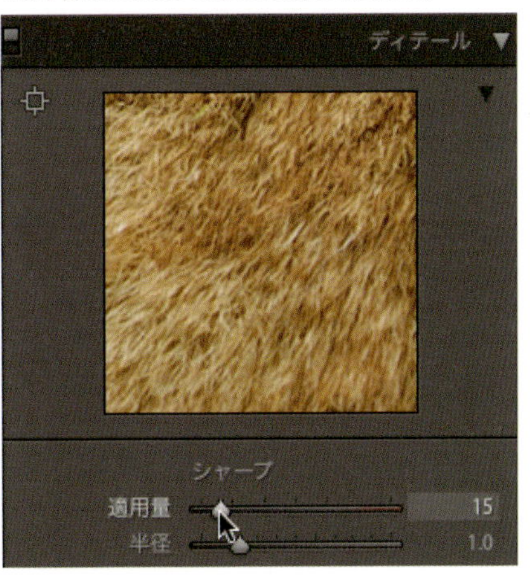

3 [マスク]を設定します。これによって階調差が小さい部分への[シャープ]の適用を制御することができます。滑らかな階調部分への[シャープ]の影響をなくすため、3程度に設定しておきます。

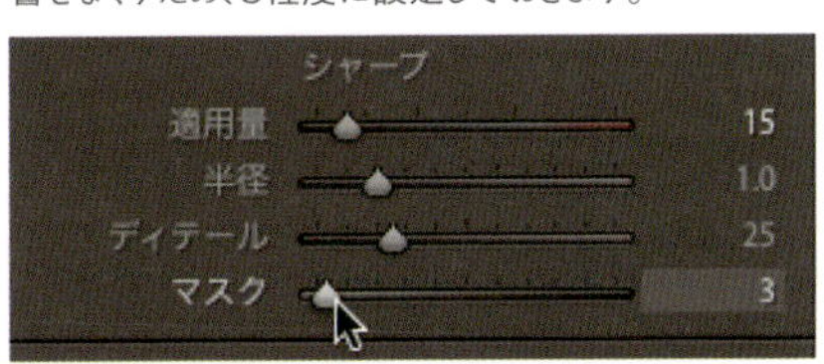

4 細部を確認しながら微調整を行なうために、ネコの顔付近をクリックしてプレビューを拡大します。補正前後を比較しながら作業するとより効果がわかりやすいので、Yキーを押して[左/右]に表示します。

5 [基本補正]パネルを表示します。シャドウ部が暗くなり過ぎているので[シャドウ]をプラス補正します❶。ハイライト側もややディテールがとび気味なので[ハイライト]をマイナス補正して鼻の周りの再現性を高めます❷。[明瞭度]と[シャープ]の調整により発生するコントラストの強調を抑えつつ、毛並みがより緻密に見えるようになりました。

(Point)

補正前後の比較は4つの表示方法が選べるので、使いやすいモードで活用しましょう。また、プレビュー領域が狭く感じる場合は、F7キー([ウインドウ]メニューの[パネル]→[左モジュールパネルを表示])で、一時的に非表示にしてスペースを広げるといいでしょう。

補正前と補正後を左右に表示
補正前と補正後を左右に分割して表示
補正前と補正後を上下に表示
補正前と補正後を上下に分割して表示

After

Tip
37

羽のディテールを柔らかく表現する

[基本補正]パネルの各パラメータで明るさを細かく補正

鳥の羽毛の質感をより印象的に表現して、気になる点も同時に補正してみましょう。羽毛の柔らかさを強調しながら、この写真では目だけを明るくします。

Before

1 Dキーを押して現像モジュールに入ります。羽毛の細かい部分の再現性を高めるため、[基本補正]パネルの[明瞭度]を少しだけプラス補正します。

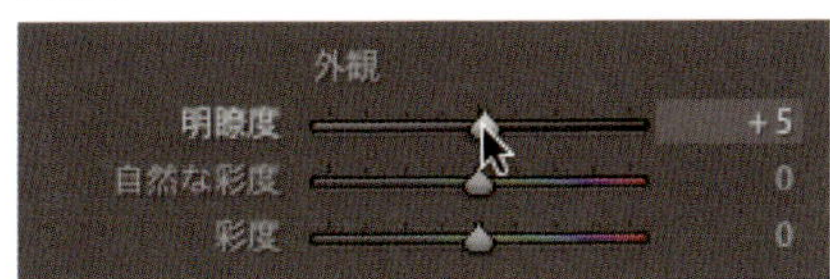

2 目を明るくするために、[シャドウ]をプラス補正します。目は重要な部分なのでしっかり見ることができるように、かなり明るくなるまで補正してしまいます。

3 羽の柔らかな感じをだすために、[コントラスト]をマイナス補正して軟調にしていきます。

4 羽毛のディテールがよく見えるようにするために［ハイライト］をマイナス補正します。

5 若干露出アンダー気味になったので、［白レベル］を羽毛のディテールが消えないように注意しながらプラス補正して明るさを整えました。

6 最後に［露光量］を少しだけプラス補正して、露出を微調整しました。コントラストが強くなると柔らかな感じは損なわれていくので、柔らかさを出したいときにはそこに気をつけながら補正していくといいでしょう。

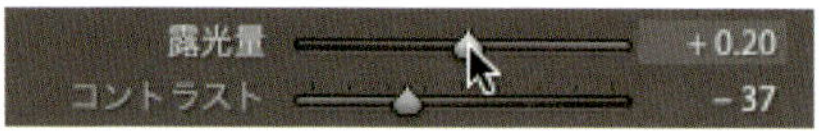

After

Tip

38

動物の皮膚の質感再現を高める

[明瞭度]と[シャープ]で細部までシャープにする

ゾウなど、皮膚の質感が独特な動物は、その皮膚の感じをしっかり再現したいものです。不自然にならないようにしながら肌の質感を強調してみましょう。

Before

1 Dキーを押して現像モジュールに入り、プレビュー画面の顔付近をクリックして拡大表示します。[基本補正]パネルの[明瞭度]を強めにプラス補正して、皮膚に刻まれたしわのディテールをはっきりさせます。

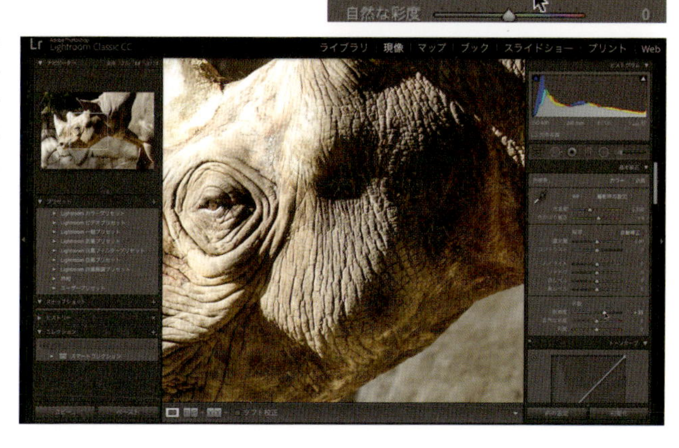

2 [ディテール]パネルを展開して表示します。[シャープ]の[適用量]を強めに設定して、しわがよりはっきり見えるようにします。

3 [基本補正]パネルに戻り、[ハイライト]をマイナス補正して❶、とび気味のハイライト部分の階調を取り戻します。これによって明部の皮膚の質感も感じられるようになります。[黒レベル]を少しマイナス補正することで❷、皮膚に刻まれているしわがより深く感じられるようになりました。

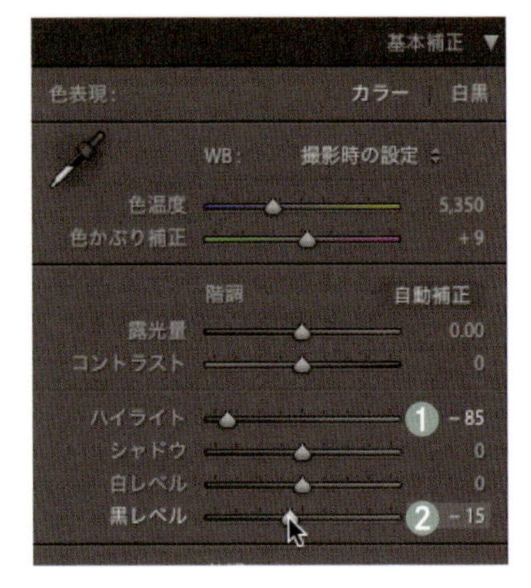

After

(Part)

実践RAW現像テクニック～風景

露出オーバーの写真を救う

[露光量]と[ハイライト]をうまくコントロールする

完全な露出オーバーは救えませんが、明るすぎるところに階調情報が残っている場合は、ある程度まで取り戻すことができます。ここでは砂浜のディテールがほぼ見えなくなっているので補正します。

Before

1 Dキーを押して現像モジュールに入り、[基本補正]パネルで[ハイライト]をマイナス補正して(ここでは−20)、全体に少しディテールがわかるようにします。

2 [段階フィルター]アイコンをクリックするかMキーを押して[段階フィルター]をアクティブにします。

3 プレビュー画面の中ほどで、[段階フィルター]を図のように下から上に向けてドラッグし、砂浜部分だけに効果がかかり、空に影響が出ないように範囲を設定します。

4 ［段階フィルター］の［露光量］をマイナス補正して明るさを抑え❶、［ハイライト］をマイナス補正して砂浜のディテールをとり戻します❷。

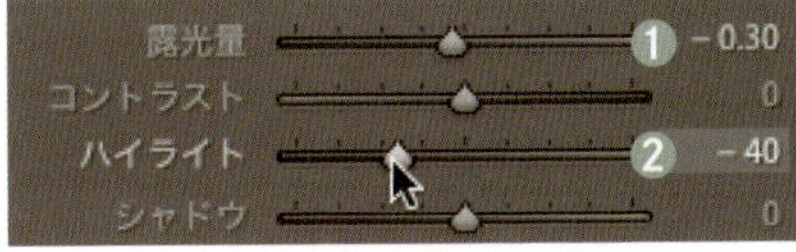

5 ［範囲マスク］で［輝度］を選択します❶。［柔らかさ］を100にし❷、砂浜以外（海や岩肌など）に影響が出なくなるまで［範囲］の左側つまみを右へスライドします❸。

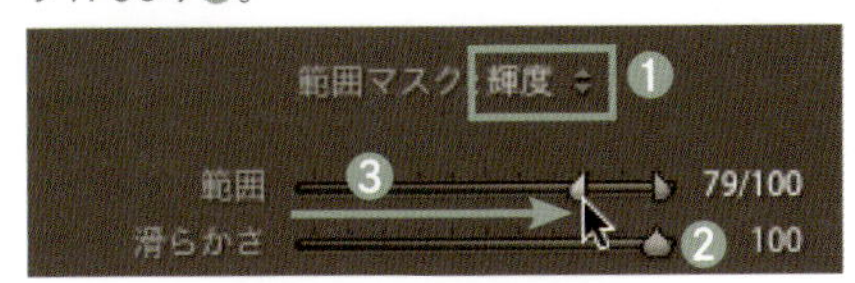

6 ［段階フィルター］の［露光量］をさらにマイナス補正して、より砂浜のディテールがはっきり見えるようにしました。

After

露出アンダーの写真を救う

[露光量] でほぼ調整できるが [シャドウ] [ハイライト] [彩度] でさらに美しく

さまざまな条件によって、写真が露出アンダーになってしまうということはよくあります。［露光量］の調整を行なえばたいていは補正できますが、よりよくするためにその他のパラメータを調整することもできます。

Before 1

1 Ⓓキーを押して現像モジュールに入ります。［ヒストグラム］が非表示のときは右側の◀をクリックして表示します。

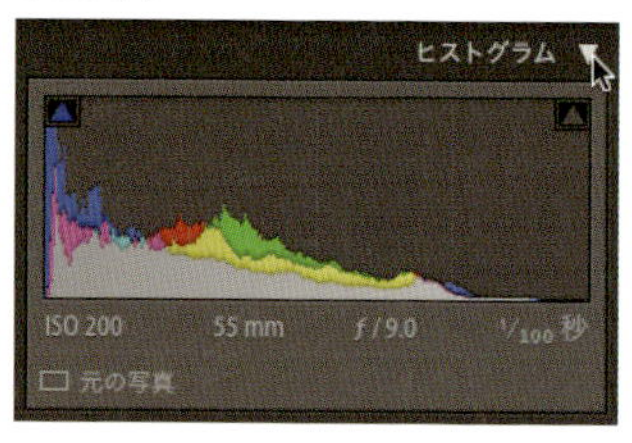

2 ハイライト側が過剰になりすぎないようにヒストグラムを確認しながら、［基本補正］パネルの［露光量］をプラスに補正します。薄暗くなっていたものが、明るい光の中で撮影したイメージになりました。

After 1

Before 2

1 Ⓓキーを押して現像モジュールに入り、[基本補正]パネルの[露光量]をプラスに補正します。このような写真の場合は太陽の光がヒストグラムの一番明るい部分にあたるので、その部分が増えていっても気にする必要はありません。

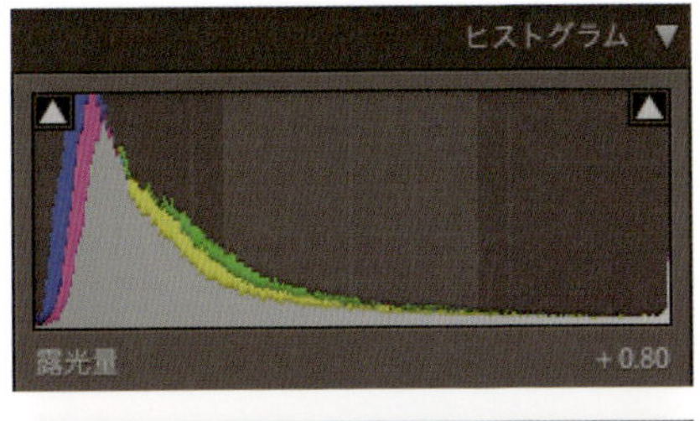

2 竹林の影の部分のディテールを再現するために、[シャドウ]をプラスに補正します❶。やりすぎると平板な印象になるので気をつけます。次に[ハイライト]をマイナス補正して、明るい部分の階調を調整します❷。不自然にならないよう、ヒストグラムを見ながら、一番明るい部分がヒストグラムの中央に寄り過ぎないようにします。

3 竹林が明るくなってグリーンの鮮やかさが足りなく感じるので、[彩度]をプラス補正しました。不自然な色にならないように注意しましょう。

After 2

Tip

41

色かぶりを補正する

[ホワイトバランス選択]ツールで一発補正 または[色温度][色かぶり補正]で調整する

正しい色を再現したい場合に利用するのが［基本補正］パネルの［WB］です。

Before 1

After 1

[ホワイトバランス選択]で簡単に

1 白熱灯の色かぶりを補正します。Dキーを押して現像モジュールに入り、[基本補正]パネルの[WB]にある[ホワイトバランス選択]ツールをクリックします。

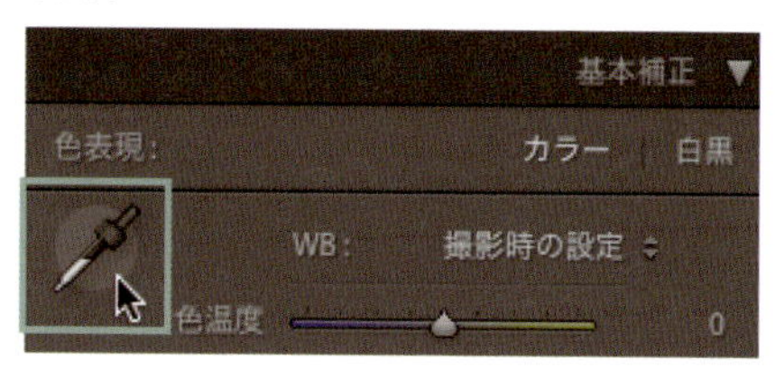

2 カーソルを写真の上に移動すると、スポイト先端にある色を基準にホワイトバランスが設定され、ナビゲーター画面に変更後の状態が表示されます❶。写真の中の白、黒、あるいはニュートラルグレーの被写体を選んでクリックすると❷、色かぶりが補正されます。

3 この写真では白い部分のディテールがとび気味なので、最後に[ハイライト]をマイナス補正してディテールを取り戻しました。

[WB]プリセットと[色温度][色かぶり補正]で調整

Before 2

1 日陰のために青味が強くなっているので補正します。Ⓓキーを押して現像モジュールに入り、[基本補正]パネルの[WB]ポップアップメニューをクリックするとプリセットのホワイトバランスが表示されます。ここでは[日陰]を選択します。

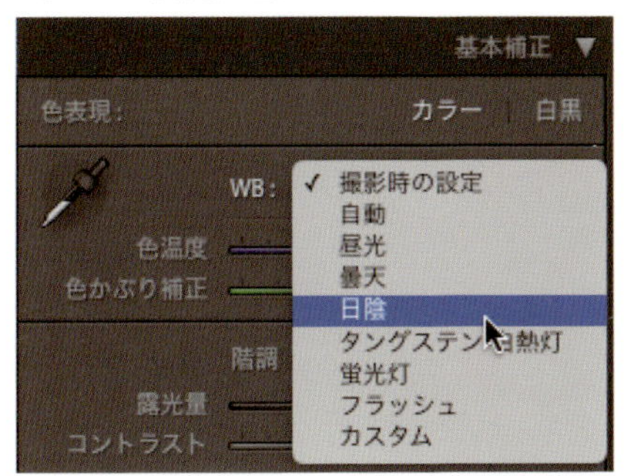

2 もう少し青味を除去したいので[色温度]スライダーを右に操作しました。プリセットの数値を変更すると、[WB]は[カスタム]に変わります。

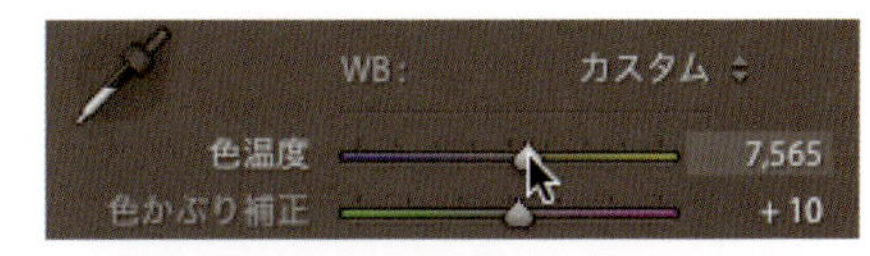

Point

屋外での風景撮影でも、写真の中に[ホワイトバランス選択]ツールで指定できる白やニュートラルグレーの部分があれば使用して構いません。なければこのように[色温度][色かぶり補正]で調整します。

After 2

木々のグリーンをきれいに

[色相][彩度]などを調整して色鮮やかにする

緑がきれいな季節に撮影していても、思っていた通りの色に写っていない場合には、より印象的になるように色調を補正していくといいでしょう。

Before

1 Dキーを押して現像モジュールに入ります。まず[基本補正]パネルの[階調]にある[自動補正]を試してみましょう。被写体によってはこれだけでかなり印象がよくなることがあります。

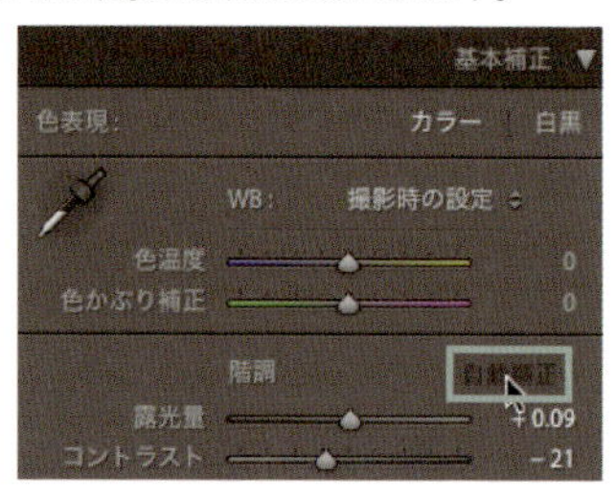

2 もう少し鮮やかにするため、スクロールして[HSL／カラー／B&W]パネルを展開して表示します。グリーンをよりグリーンに見えるようにするため、[色相]で[グリーン]のスライダーを右(プラス側)に操作します。やり過ぎると不自然になるので気をつけましょう。

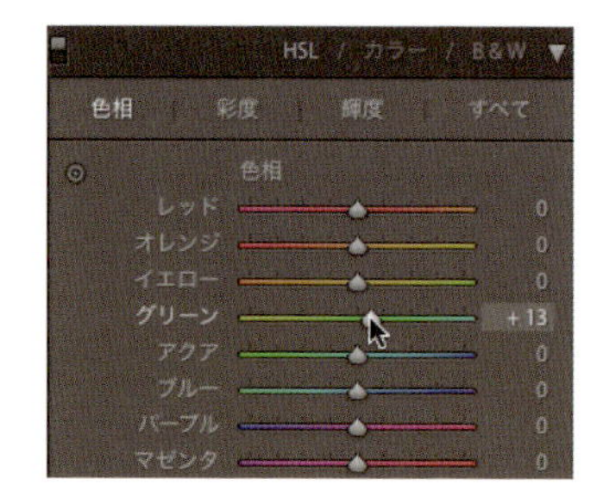

3 ［イエロー］をプラス補正してやるとさらにグリーンが鮮やかになります。

4 ［彩度］をクリックして彩度のスライダーを表示します❶。［グリーン］をプラス補正して彩度を高めました❷。

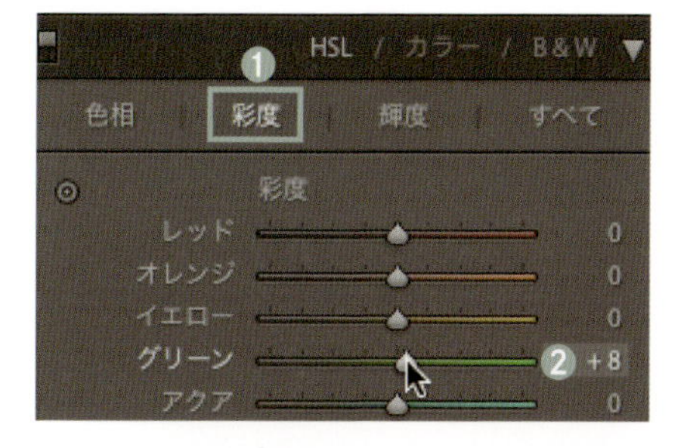

Point

［HSL／カラー／B&W］パネルは、［すべて］を選ぶと［色相］［彩度］［輝度］のスライダーを同時に表示でき、切り替えなしで作業することができます。

HSL / カラー / B&W

色相 | 彩度 | 輝度 | すべて

色相	
レッド	0
オレンジ	0
イエロー	+27
グリーン	+13
アクア	0
ブルー	0
パープル	0
マゼンタ	0

彩度	
レッド	0
オレンジ	0
イエロー	0
グリーン	+8
アクア	0
ブルー	0
パープル	0
マゼンタ	0

輝度	
レッド	0
オレンジ	0
イエロー	0
グリーン	0
アクア	0
ブルー	0
パープル	0
マゼンタ	0

After

青空をより印象的に

[彩度]と[色相]を調整して色鮮やかにする

青空で撮影していても、なかなかイメージ通りの青空になってくれないものです。頭の中にある青空のイメージに近づけていきましょう。

[HSL／カラー／B&W]パネルで調整する

Before

1 Dキーを押して現像モジュールに入り、[HSL／カラー／B&W]パネルを展開し、[すべて]をクリックして、それぞれのスライダーをすべて表示します。

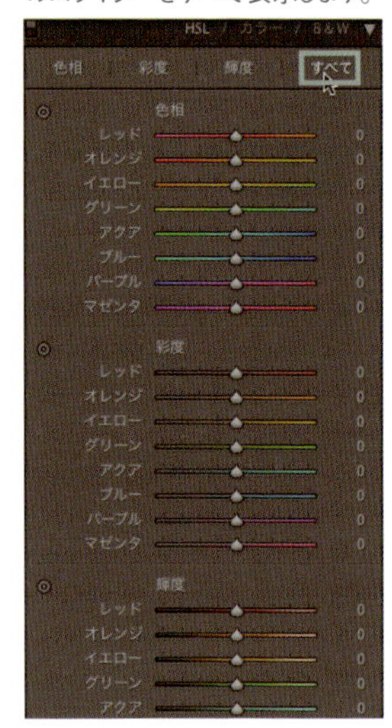

2 [彩度]の[ブルー]のスライダーをプラス補正して、青を鮮やかにします。

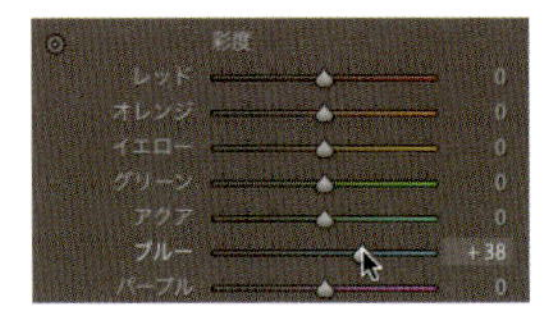

3 若干イエローが感じられるので、[色相]の[ブルー]を右方向にわずかに操作して補正します。やりすぎると赤味がかってきてしまうので注意しましょう。

4 深みのある青にするため、[輝度]のブルーをマイナス補正して濃い青にしました。

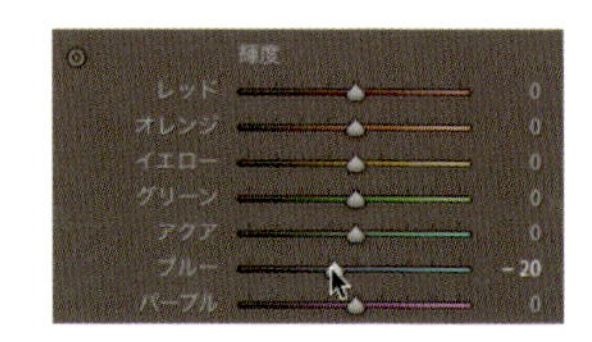

After

[円形フィルター]と[範囲マスク]を利用する

メインの被写体にブルー系の色があるときはマスクする必要があります。その場合は［円形フィルター］と［範囲マスク］をあわせて活用するといいでしょう。

1 Shift+Mキーで[円形フィルター]をアクティブにして❶、写真の外をドラッグしてフィルターを設定します❷。この段階では写真全体に効果がかかります。

3 [露光量]❶[色温度]❷[彩度]❸を調整して青空の色を鮮やかで深みにある状態にしていきます。

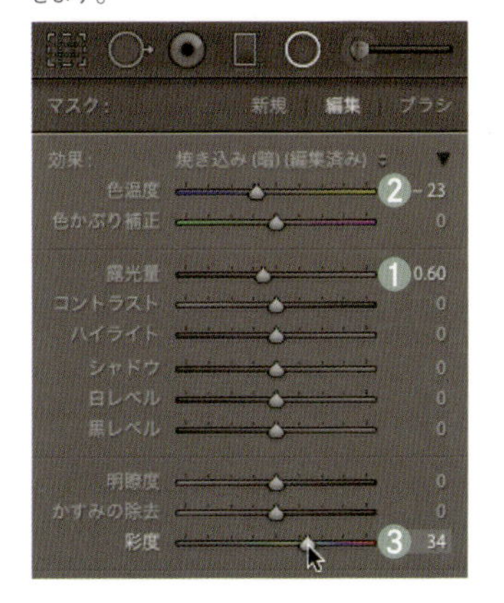

2 [範囲マスク]の[カラー]を選択し❶、[色域セレクター]❷をクリックしてスポイトカーソルで青空をドラッグします❸。これでマスクが設定されフィルターが効くのは青空の色に限定されます。

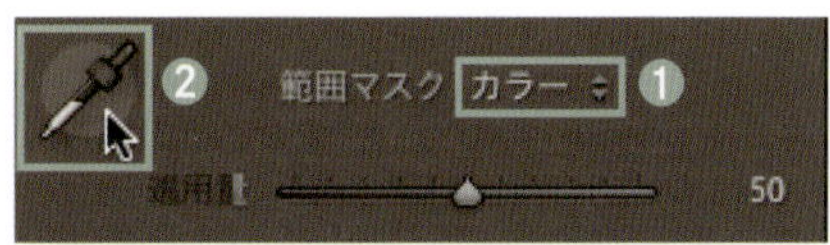

Part 1 Part 2 Part 3 Part 4 実践RAW現像テクニック～風景 Part 5

朝焼け・夕焼けの空の色を印象的に

[コントラスト]と[彩度]を調整して色鮮やかにする

朝焼け・夕焼けなど、色彩が重要なファクターとなる場合には、色をいかに鮮やかに見えるようにするかがポイントになります。

Before

1 Dキーを押して現像モジュールに入ります。[ヒストグラム]が非表示のときは右側の◀をクリックして展開表示しておきます。

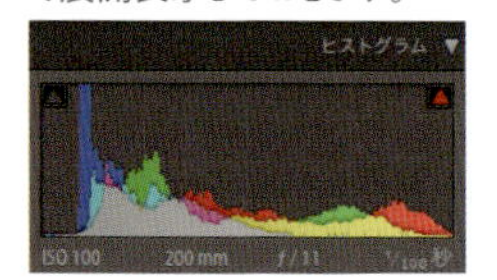

2 [トーンカーブ]パネルを展開し、[クリックしてポイントカーブを編集]をクリックしてオンにします。

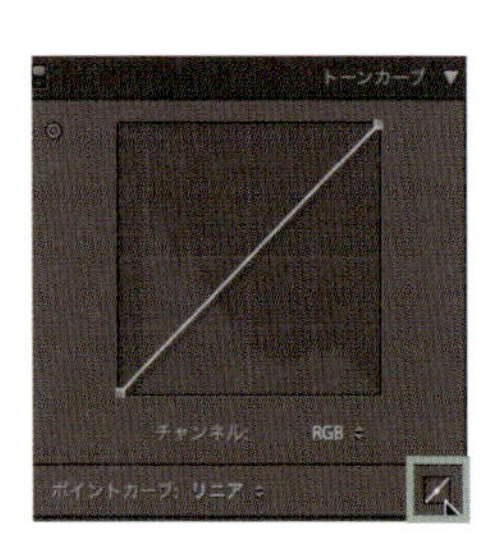

3 [トーンカーブ]パネル左上の[写真内をドラッグしてポイントカーブを編集]をクリックし、写真の中で暗くしたい部分でカーソルを下にドラッグします。これでシャドウ部が暗くなり引き締まります。

[写真内をドラッグしてポイントカーブを編集]

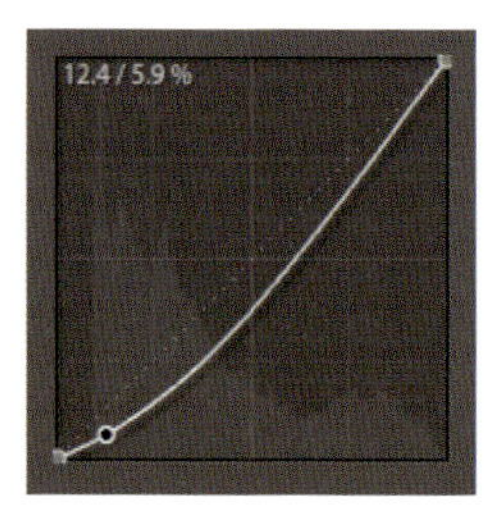

4 明るくしたい部分にカーソルを移動し、上にドラッグしてコントラストを強めます。シャドウ部の操作で暗くなった中間調を明るくし、ハイライト部をより明るくすることができました。

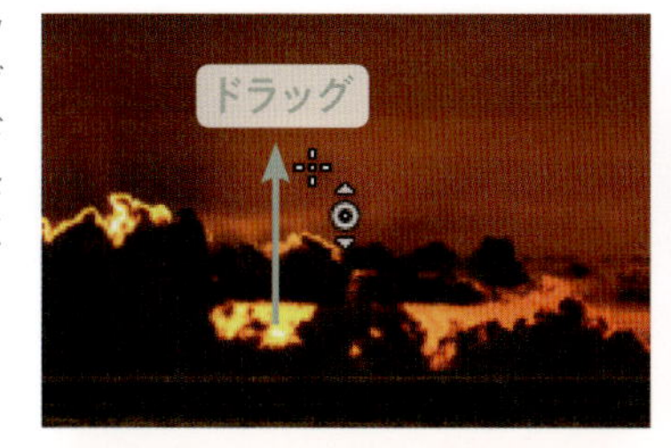

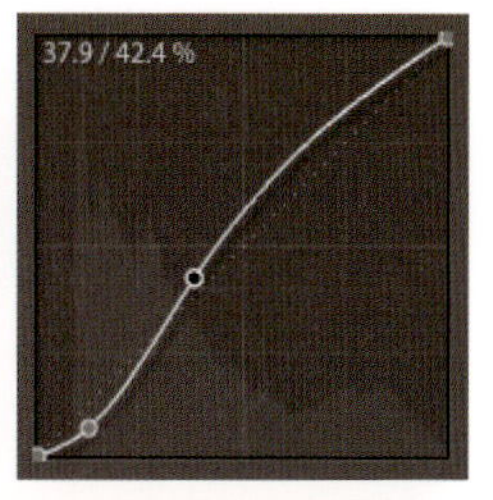

5 ［HSL／カラー／B&W］パネルを表示して、［色相］❶の［レッド］❷をマイナス側に補正して赤味を強調します。

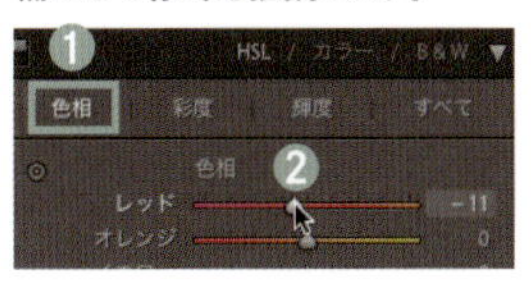

6 最後に［基本補正］パネルで［彩度］を少しプラス補正し、空が夕日で照らされている感じを強めました。ヒストグラムを見ると、とくにハイライトのレッドが強調されたことがわかります。

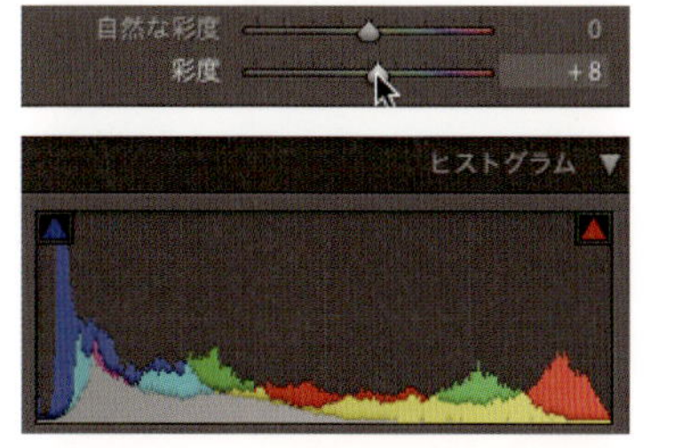

After

桜の花をより色濃く

[明暗別色補正]と[色相]を操作して色づけ

桜の花の色は意外と薄いので、頭の中で描いていたイメージ通りにならないものです。理想的な桜色になるように補正してみましょう。

Before

1 Dキーを押して現像モジュールに入ります。最初に[基本補正]パネルの[色温度]をマイナス補正して全体の黄色味を除去します。

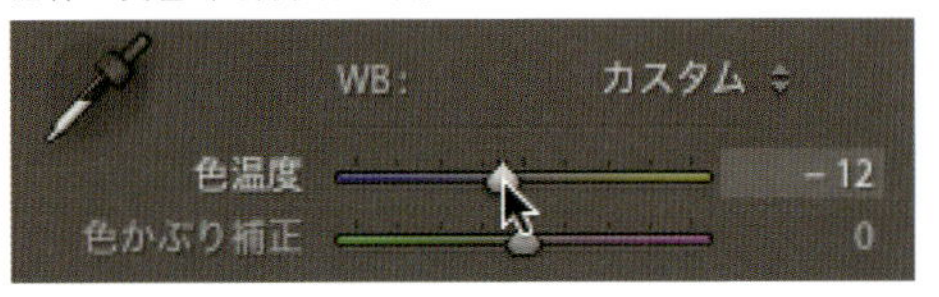

2 白っぽい花の色を濃くするので、写真のハイライト部分を色補正していきます。[明暗別色補正]パネルを展開して表示し、[ハイライト]の[彩度]を適当に上げて❶色を確認しやすいようにしてから、[色相]を桜っぽい色になるように設定します❷。

3 [バランス]をマイナスに設定して、ハイライトに近い部分以外には影響が出ないようにします。ここでは目一杯にしていますが、写真によって変わるのでプレビューを見ながら調整します。

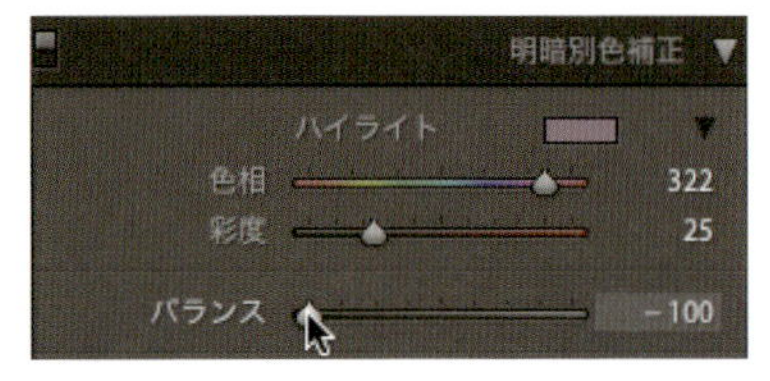

4 適当に上げた[彩度]を再調整して色の乗り具合を整えます。色のつけ過ぎには注意しましょう。

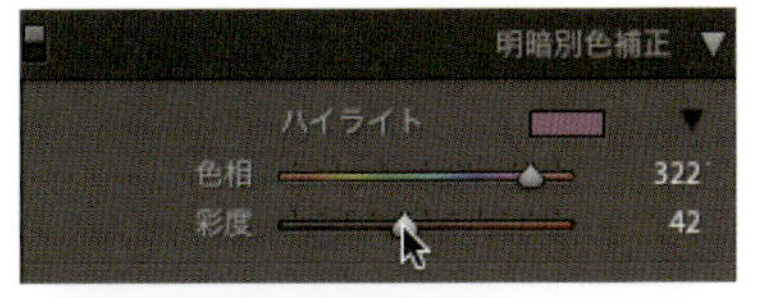

(Point)

[明暗別色補正]はハイライト、シャドウそれぞれに色をつけることができ、どの階調まで着色するかを[バランス]で調整できるので、明るいところ、暗いところだけに発生している色かぶりを補正することも可能です。また、積極的に色を変更してアーティスティックな写真にすることもできます。

5 最後に背景のグリーンの色を整えます。[HSL／カラー／B&W]パネルを展開し、[色相]で[イエロー]をプラス補正して、グリーンを鮮やかにしました。

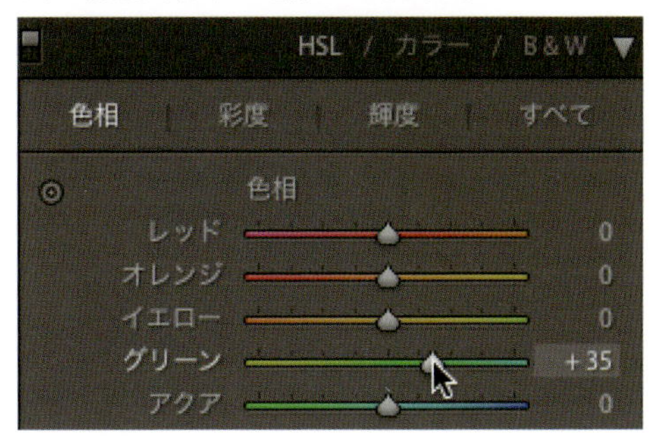

After

紅葉の色を鮮やかに

[自動補正]をベースに微調整を加える

紅葉は葉の色をどれだけ色鮮やかにできるかがポイントです。明るさと彩度がバランスよくなるように補正を加えていきましょう。

Before

1 Ⓓキーを押して現像モジュールに入り、[基本補正]パネルの[階調]にある[自動補正]をクリックして補正を加えます。元画像よりも紅葉の色鮮やかさは強調されましたが、ここからさらに手を加えてみましょう。

2 葉に太陽光が当たって明るくなっている感じをより強調するため、[シャドウ]のプラス補正を強くします❶。ディープシャドウが明るくなりすぎているので、[黒レベル]をさらにマイナス補正します❷。[コントラスト]をさらにマイナス補正して、太陽部分の白さを抑えます❸。

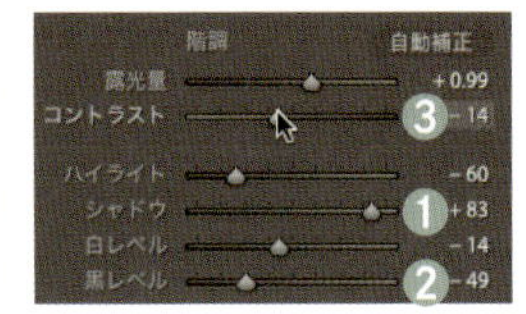

3 ［彩度］をさらに強めていきます。飽和しやすい赤が飽和してしまわないように気をつけながら、色鮮やかになるように調整しましょう。

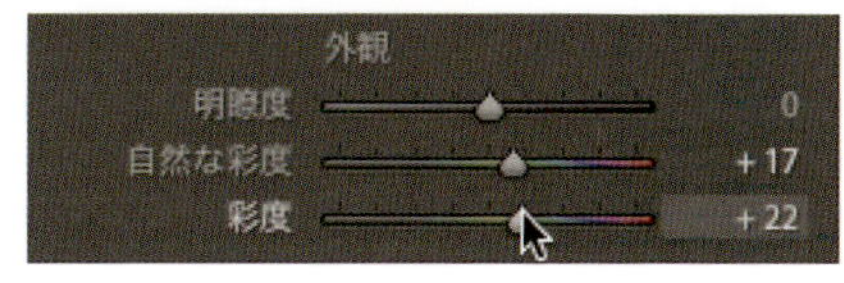

4 色温度を上げると紅葉の色を引き立てることができるので、少し補正を加えます。やりすぎると夕方の光のようになってしまうので気をつけましょう。

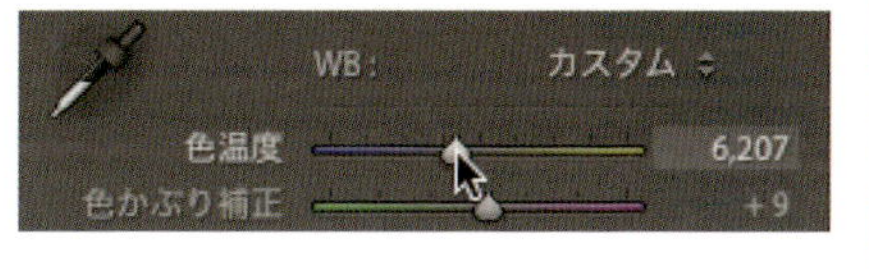

5 最後に、細部の鮮明さを高めるために［明瞭度］をプラス補正しておきます。

Point

紅葉の写真は若干コントラストが強く感じられるくらいに仕上げたほうが色鮮やかに感じられます。ただ明るくして彩度を高めるだけではなく、メリハリがつくように補正を加えていくといいでしょう。

After

夏らしい空気感を作り出す

[コントラスト]を強めにして[彩度]を高め、強い日差しのイメージに近づける

夏の強い日差しの下ではコントラストが強くなり、明暗がはっきりするのが最大の特徴です。それに伴って色もはっきりとしてくるので、そうした状況が再現できるように補正を加えていきます。

Before

1 Ⓓキーを押して現像モジュールに入ります。まず[基本補正]パネルの[コントラスト]をプラス補正します。

2 雲のハイライト部分をより明るくするために、[白レベル]をプラスに補正します❶。光が当たっているのに暗く感じてしまう状態の岩礁を明るくするために、[シャドウ]をプラス補正します❷。

3 [HSL／カラー／B&W]パネルを展開して表示し、岩礁の緑の明るさを調整するため、[輝度]をアクティブにして❶[グリーン]をプラス補正します❷。岩礁の緑と海の色を鮮やかにするため、[彩度]をアクティブにして❸[グリーン]をプラス補正します❹。

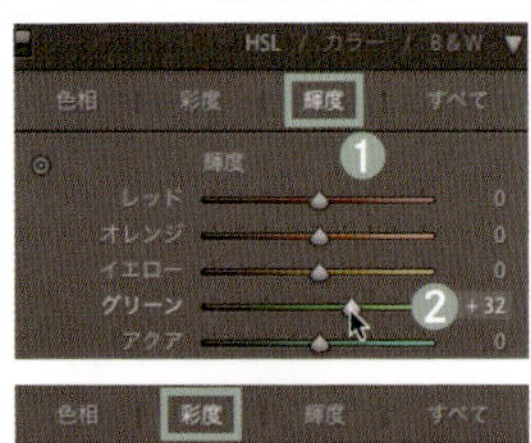

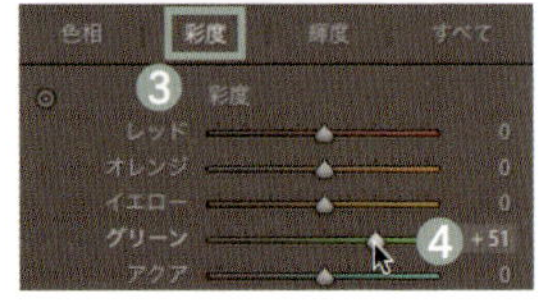

4 ［トーンカーブ］パネルを表示し、［写真内をドラッグしてポイントカーブを調整］❶をクリックして岩礁部分にカーソルを移動し、上にドラッグして明るさを調整します❷。［露光量］とは違い、中間調のみ明るくできます。

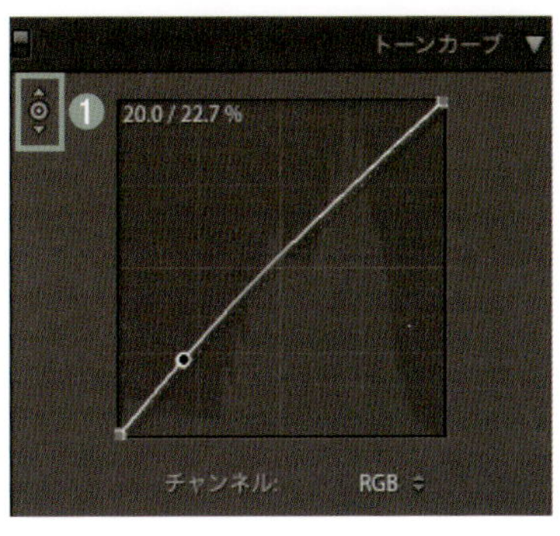

5 ［基本補正］パネルの［黒レベル］を少しマイナス補正してシャドウ部を引き締めます。

6 雲の白さをもう少し強調したいので、Mキーを押して［段階フィルター］をアクティブにします。図のように水平線の少し上からShiftキーを押しながら上から下に垂直にドラッグしてフィルター範囲を設定します。

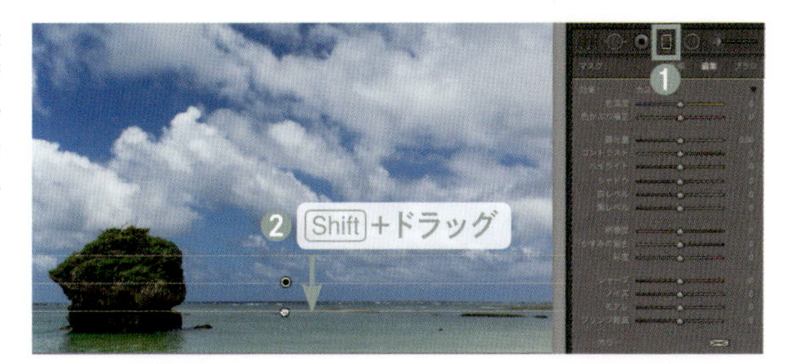

7 ［段階フィルター］の［ハイライト］をプラスに補正します。同時に岩礁のグリーンも少し明るくなり、日が当たっていない下部の影とのコントラストが強調されました。

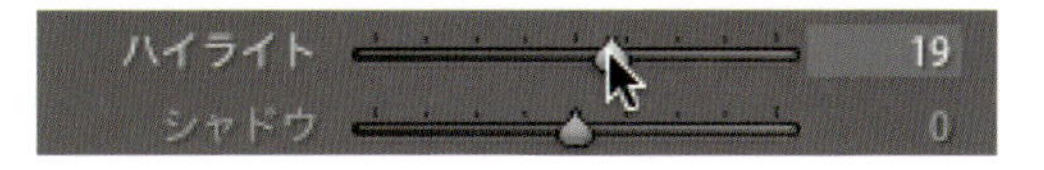

After

金属の硬質な感じを強調する

[コントラスト]や[明瞭度][シャープ]ではっきりと

金属らしさを出すには、シャープさや明暗の差を強調していくことがポイントです。

Before

1 背景に影響を与えないようにしたいので、Kキーを押して現像モジュールに入り、[補正ブラシ]をアクティブにします。

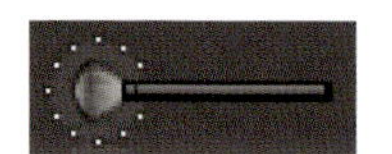

2 [選択したマスクオーバーレイを表示]にチェックを入れて機関車を塗っていきます。

✔ 選択したマスクオーバーレイを表示

3 先に輪郭を描いてから中を塗りつぶすとスムーズです。[ブラシ]の[ぼかし]は少なめに設定して(ここでは25)、輪郭を描くときはサイズを小さく、塗りつぶすときは大きくして作業します。

4 [選択したマスクオーバーレイを表示]のチェックを外し、[補正ブラシ]パネルで調整していきます。まず[コントラスト]をプラス補正して明暗を強めます。

コントラスト	39
ハイライト	0

5

［明瞭度］をプラス補正してさらにメリハリをつけます❶。［シャープ］をプラス補正してディテールの再現性を高めます❷。

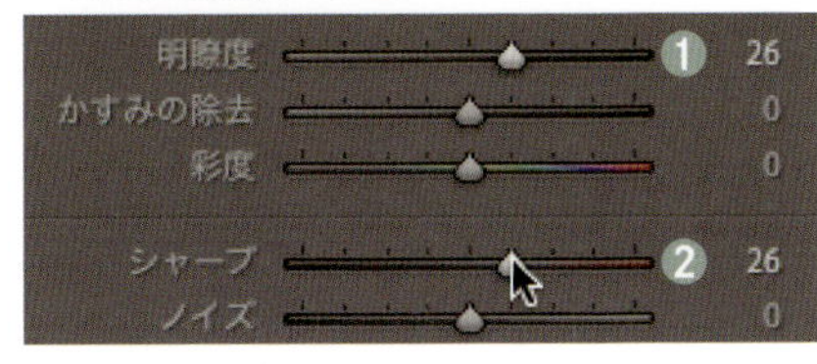

6

機関車のライト付近をクリックして拡大表示し、Yキーを押して（［表示］→［補正前/補正後］→［左/右］）比較表示します。シャドウが引き締まり、ハイライトの光沢感が増し、細部がシャープに見えて金属の硬質感が高まったことが確認できます。

7

最後に［選択したマスクオーバーレイを表示］にチェックして、塗り残しやはみ出し部分があれば修正しておきます。

After

電球の暖かみがある色を強調する

[色温度]と明るさの調整がポイント

イルミネーションなど暖かい電球の光は、その雰囲気を伝えるために、色温度を調整してイメージを整えましょう。

Before 1

1 Dキーを押して現像モジュールに入ります。[基本補正]パネルの[色温度]をイエロー側(右)に操作します。好みの色調になるまで大きくして構いません。

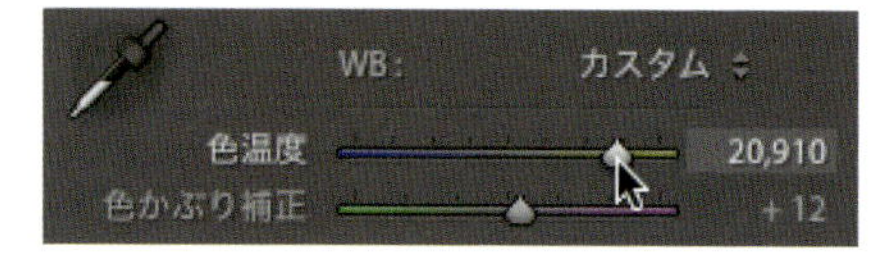

2 [露光量]をプラス補正して明るいピクセルを増やします。強くしすぎると色が薄くなってしまうので気をつけます。

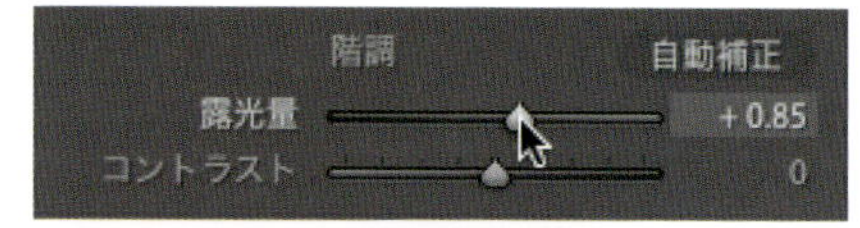

3 [黒レベル]をマイナス補正して背景を暗くします。全体も若干暗くなりますが、明暗が強調されることでイルミネーションの明るさが際立つようになります。

4 ［明瞭度］を少しマイナスに補正してやると、若干の滲みが出て柔らかなイメージになります❶。［彩度］を少しだけプラス補正して鮮やかにします❷。色が飽和したり毒々しい色にならないよう注意します。

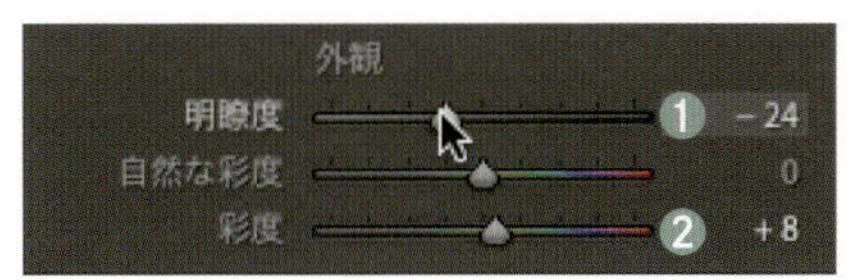

After 1

暗部が少ない場合

暗い部分が少ない写真では全体の色調を整えていくだけでも効果があります。

Before 2

1 ［色温度］をイエロー側に補正しただけでもかなり暖かみがあるイメージになります。

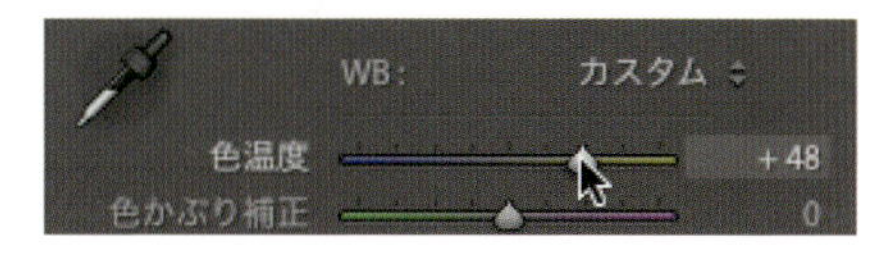

2 この写真はシャドウ部も暖色系なので、［シャドウ］をプラスに補正するとさらに明るい部分が増えて全体的に暖かなイメージになりました。

After 2

Tip 50

細部の描写をよりくっきりさせる

↓

[補正ブラシ]で[明瞭度]を上げて[シャープ]をマスク適用

ディテールが豊かな写真は、階調を保ちながら緻密に仕上げていきましょう。

Before

1 Kキーを押して現像モジュールに入り、[補正ブラシ]をアクティブにします。

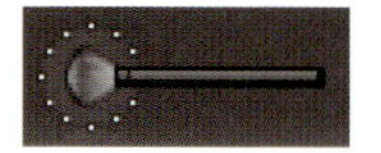

2 ブラシのサイズを被写体に合わせ、[ぼかし]は少なめの40にします。[選択したマスクオーバーレイを表示]にチェックを入れて、被写体にブラシをかけて塗りつぶしていきます。

3 はみ出したところはOptionキーを押して消去モードで修正します。塗りつぶしが完成したら、[選択したマスクオーバーレイを表示]のチェックを外します。

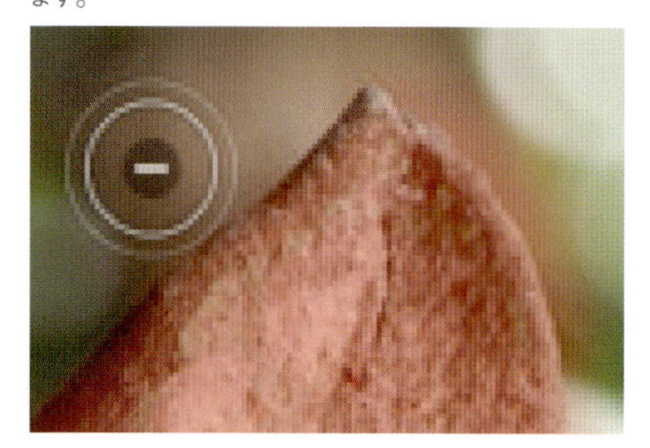

4

［補正ブラシ］パネルの［明瞭度］をプラス補正して細部の描写を緻密にします。

5

若干シャドウ部が暗くなったので［シャドウ］をプラス補正します❶。［コントラスト］を少しマイナス補正して、シャドウとハイライトとの差を抑えます❷。下げすぎるとフラットな画像に戻るので注意しましょう。

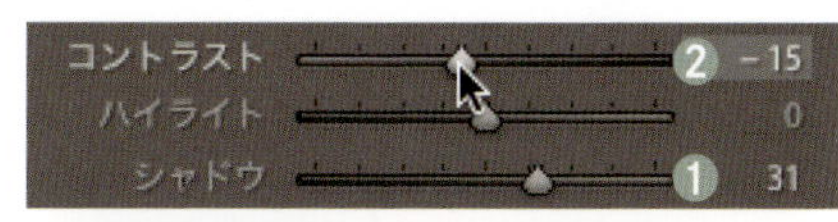

(Point)

［補正ブラシ］パネル下部のトグルスイッチをクリックすると、補正ブラシの効果を一時的にオフにできます。効果を確認しながら補正するといいでしょう。

範囲マスク：オフ ÷

初期化 | 閉じる

基本補正 ▼

6

プレビューを拡大表示してから、［ディテール］パネルを展開して［シャープ］の［適用量］をプラスにします❶。かけすぎは不自然なエッジになるので禁物です。次に［マスク］を調整して、なめらかにぼけた背景にはシャープの影響が出ないようにします❷。像へのシャープが弱まらないように数値を探ります。作例では像の額そばにある黄色いぼけの階調を見ながら設定しました。

料理をおいしそうにみせる

[露光量]と[色温度]の調整でわずかに暖色系に

料理がおいしそうに見えないときは、だいたい露出と色再現が問題なので調整していきましょう。また、不要な写り込みをトリミングしてすっきりさせます。

Before

1 Ⓓキーを押して現像モジュールに入ります。色かぶりをとるために[基本補正]パネルの[色表現]にある[ホワイトバランス選択]ツールをクリックします。

[ホワイトバランス選択]ツール

2 ナビゲーターで全体の色の変化を確認しながら、白い被写体を探してスポイトカーソルでクリックします。作例では刺し身の上のつまを選びました。

3 [露光量]をプラスに補正して全体を明るくします❶。明るくなりすぎた[ハイライト]をマイナス補正して抑えます❷。暗く感じる[シャドウ]をプラス補正し❸、一番暗い部分の黒を引き締めるために[黒レベル]をマイナス補正します❹。

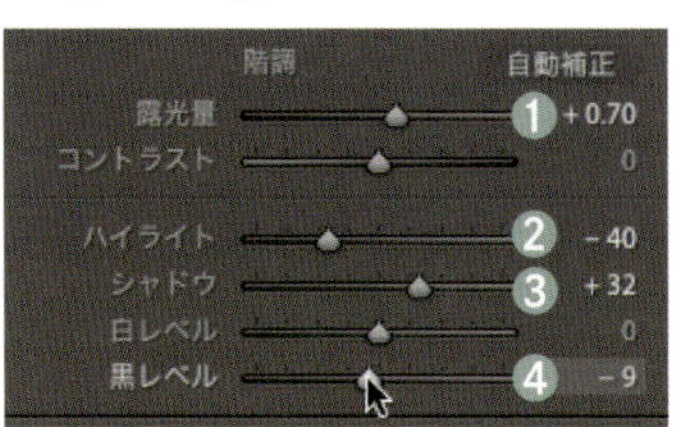

4 ホワイトバランスは正確になっていますが、料理は少し暖色系のほうがおいしそうに見えるので、[色温度]❶と「色かぶり補正」❷を少し右に戻しました。

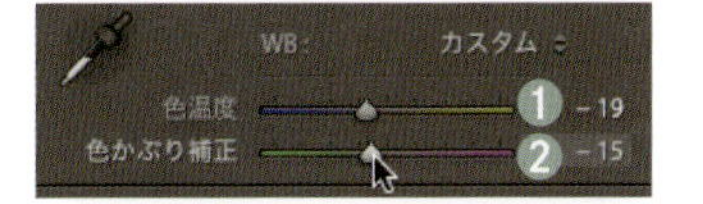

5 画面上部に余計なものが写り込んでいるので、Rキーを押して[切り抜き]ツールをアクティブにします❶。[縦横比]の右にある鍵のアイコンをクリックして開いた状態にしておき❷、自由な比率でトリミングできるようにします。

6 画面周囲に表示された枠線をドラッグしてトリミングします。画像の外でドラッグしてわずかに画像を回転させ左上の不要な写り込みを外し、バランスをとって下もある程度切りました。

After

雪景色をよりそれらしくみせる

[色温度]と[明瞭度]で冬の空気感を演出する

雪景色の写真はその場の冷たい空気感が感じられるようにしましょう。全体に青味に寄せることでより寒さが感じられるようになり、シャープさを高めることで空気の透明感を演出していっそう冬らしくすることができます。

Before

1 Dキーを押して現像モジュールに入り、[基本補正]パネルの「色温度」をブルー側(左)に操作します。全体に寒色系になり色のイメージで寒さが強調されます。

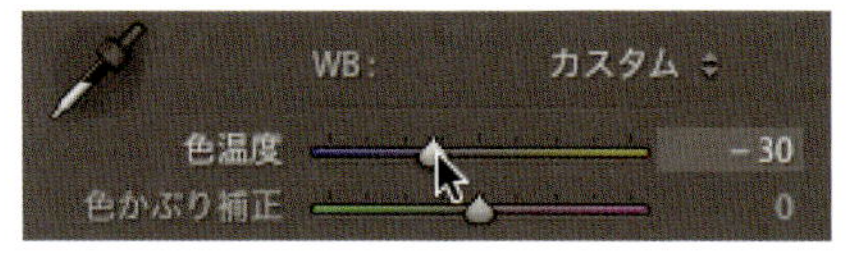

2 [明瞭度]をプラス補正して細部まではっきりと見えるようにし、冬の空気の透明感を演出します。

3 [ディテール]パネルを展開して、[シャープ]の[適用量]をプラス補正します❶。[半径]をやや小さくして❷、細い枝などへのシャープネスのかかりすぎを抑えます。

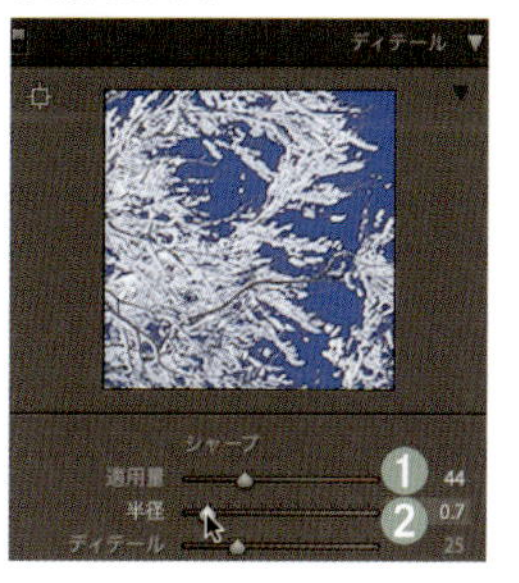

4 [基本補正]パネルに戻り、[コントラスト]を少しプラス補正してメリハリをつけます。これにより空気の透明感や日陰の寒さが強調されます。

After

夜景をより夜景らしく

[ホワイトバランス]を補正し 明暗差をつけて照明部分の明るさを強調する

都市の夜景はいろいろな色の照明をきらびやかに見えるようにすることがポイントです。明るさや暗い部分の暗さを上手に補正していきましょう。

Before

1 撮影時のホワイトバランスは「太陽光」ですが、暖色に写ってきらびやかな感じが薄いので調整します。Dキーを押して現像モジュールに入り、[WB]の[撮影時の設定]をクリックして[自動]を選択します。

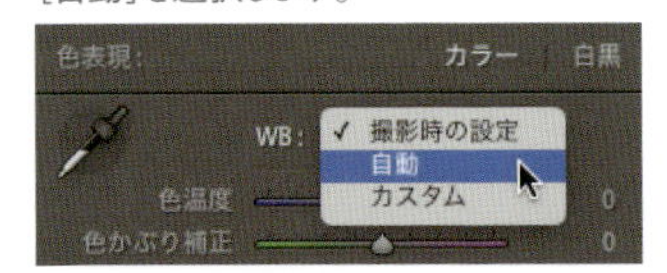

(Point)

図では表示されるプリセットが少ないですが、オリジナルのRAWデータの場合は多くのプリセットが表示されます。

2 [基本補正]の[白レベル]をプラス補正して、照明部分を明るくしていきます❶。多少ハイライトがとんでも気にせずに、キラキラした感じに補正します。次に暗い部分の黒を引き締めるために、[黒レベル]をマイナス補正します❷。

3 空をより黒くします。Ⓜキーを押して[段階フィルター]をアクティブにし❶、空と建物との境目でマウスを上から下へドラッグして範囲を設定します❷。

4 [段階フィルター]パネルの[露光量]をマイナス補正します❶。[範囲マスク]で[輝度]を選択して❷、[範囲]スライダーの右側つまみを左に寄せ❸高い輝度をマスクします。これで東京タワーやいくつかのビルなど空に飛び出ている明るい部分はマスクされて、空のみを暗くすることができます。

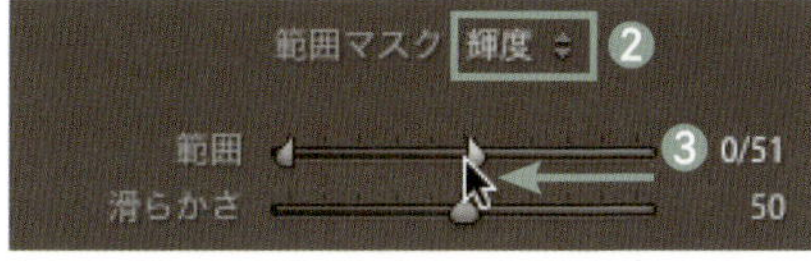

5 [基本補正]パネルに戻り[明瞭度]をマイナス補正すると、光の周囲が少しにじんでキラキラした感じが増します。

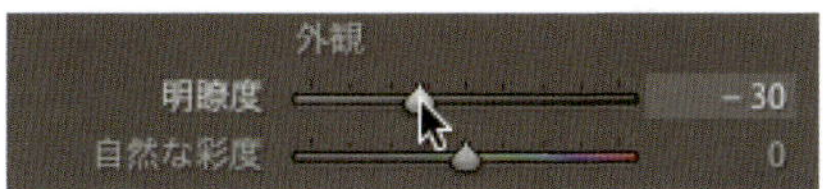

Point

[段階フィルター]の適用範囲を確認したいときは、カーソルを編集ピンの上に重ねて少し待つと、一時的に赤いマスクオーバーレイが表示されます。

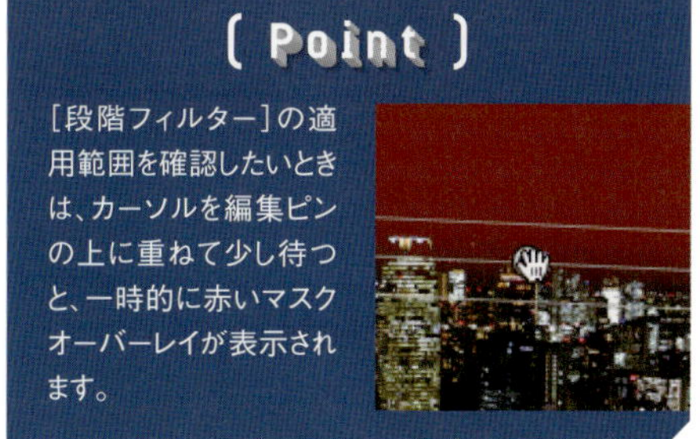

After

Tip 54

雨に濡れた被写体をよりそれらしく

↓

[コントラストを強めるように細かく分けて調整を加える]

雨に濡れた被写体は、乾いている状態よりもコントラストが強くなります。ただし単純に［コントラスト］で調整するとハイライトのディテールに影響が出てしまうため各パラメータを使って細かく調整します。

Before

1 Ⓓキーを押して現像モジュールに入ります。まず［黒レベル］をマイナス補正して暗部をより暗くします。

2 雨の日にしては明るく感じるので、［露光量］をマイナス補正して薄暗い感じを演出します。

露光量 －0.30
コントラスト 0

3 龍の目の部分が暗くなりすぎているので、［シャドウ］を少しプラス補正して確認できるようにします。

4 ［明瞭度］をプラス補正してディテールを鮮明にすると同時にコントラストを向上させます。

明瞭度 ＋20
自然な彩度 0

5 龍の目をもう少し見えるようにしたいので、Shift+Mキーを押して[円形フィルター]をアクティブにします。[ナビゲーター]パネルで龍の顔をクリックしてプレビューを拡大表示し、目のサイズの楕円を描き、回転して位置や大きさを合わせます。

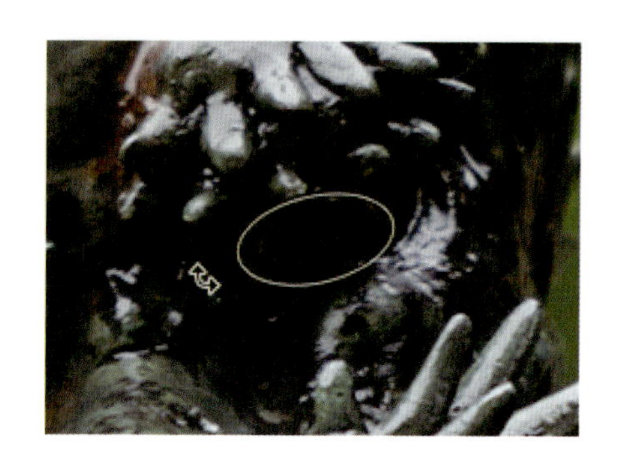

6 [円形フィルター]パネルの[反転]にチェックして内側に効果が適用されるようにします。

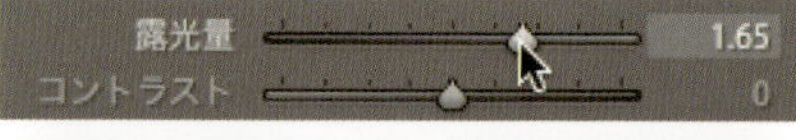

7 目のディテールが見えるようになるまで[円形フィルター]パネルの[露光量]をプラス補正します。目だけ異様に明るくなって不自然にならないように気をつけましょう。

8 もう一方の目も不自然にならない程度に補正を加えます。

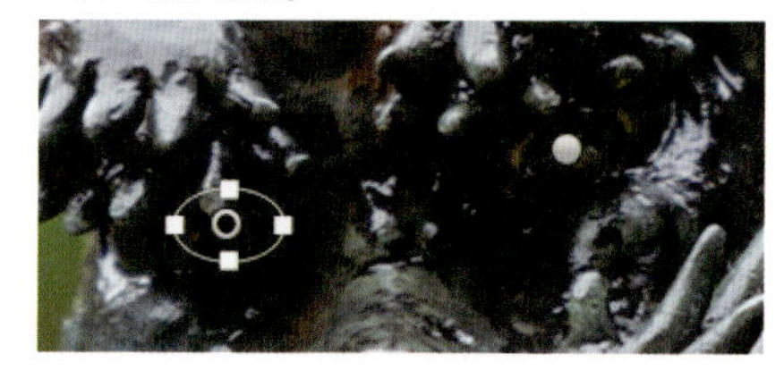

After

かすみを除去して景色をはっきりさせる

[かすみの除去]で簡単に実現できる

天気がよくても、空気中の水蒸気の影響で肝心の被写体がはっきり写らないこともあります。そんなときには［かすみの除去］という文字通りの効果が得られる機能があります。

Before

1 Ⓓキーで現像モジュールに入ります。右側の[効果]パネルを展開すると[かすみの除去]があります。スライダーをプラス側に動かすと、かすみがとれていき、色も鮮やかになっていきます。

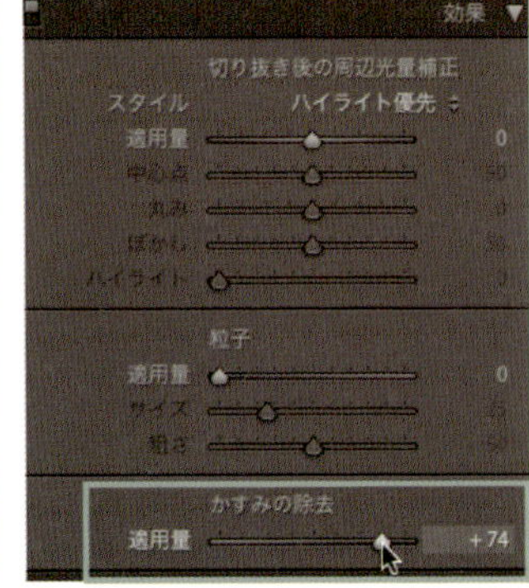

2 少し色が鮮やか過ぎて不自然なので、スクロールして[基本補正]パネルを表示し、[彩度]をマイナス補正して鮮やかさを抑えます。

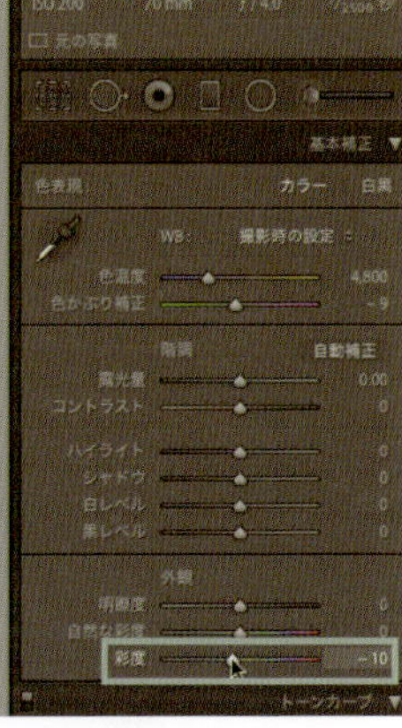

3 露出が暗めに感じるので、[露光量]をプラス補正します。

Point

[かすみの除去]は便利な機能ですが、強く効果を与えすぎると不自然な仕上がりになってくるので、注意が必要です。かすみを除去できたとしても同時に好ましくない影響が現れた場合は、今回のように[基本補正]などの各種調整機能も併用しながら整えていくといいでしょう。

After

Tip
56

自然の霧を増やしてより幻想的に

[かすみの除去]を効果的に利用する

霧に覆われた風景を撮影してみると、思ったほど霧が見えないことがあります。[かすみの除去] はマイナス補正するとかすみを増やすことができ、効果的に使うと幻想的な風景をより印象づけることができます。

Before 1

1 Ⓓキーで現像モジュールに入ます。[効果]パネルを展開して[かすみの除去]をマイナス側に動かします。もともとの霧の状態にもよりますが、あっという間に白くなるので補正は少しで十分です。

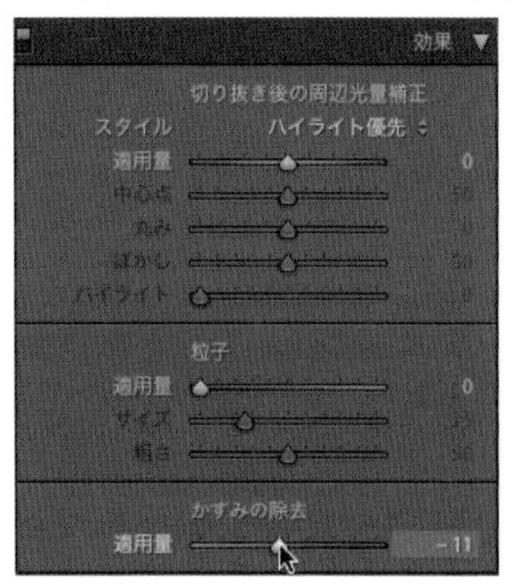

2 霧を増やしつつ、景色もできるだけ見せたいという場合は[基本補正]パネルの[コントラスト]を少しプラス補正するといいでしょう。

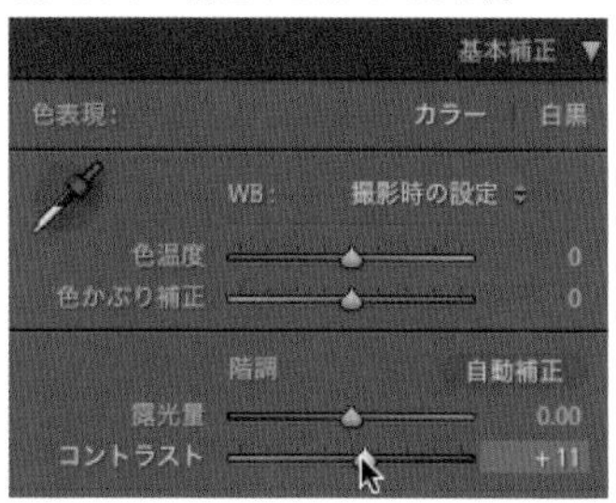

3 プレビューで状態を確認しながら2つの数値を微調整していきます。作例では[コントラスト]を20、[かすみの除去]を－17としました。

After 1

Before 2

1 Dキーで現像モジュールに入り、[効果]パネルの[かすみの除去]をマイナス補正します。被写体がはっきりしている場合は大幅にマイナス補正を加えても真っ白になってしまうことはなく、後方にあった霧が画面手前側まで進出してきたイメージになりました。

After 2

(Point)

写真の絵柄によって[かすみの除去]の効果は大きく変わります。[基本補正]パネルの各パラメータとあわせて試してイメージに近づけていきましょう。

Tip 57

写真をモノトーンにする

豊富なプリセットが利用可能で調整を加えてさらに望む色調にできる

典型的な補正を一瞬で加えられるプリセットが数多く用意されています。そこから白黒のプリセットを試して、さらに調整するといいでしょう。

Before 1

1 Dキーを押して現像モジュールに入ります。プレビュー左側の[プリセット]パネルにさまざまなプリセットが登録されています。パネルが非表示のときは[プリセット]左の▶をクリックして展開します。

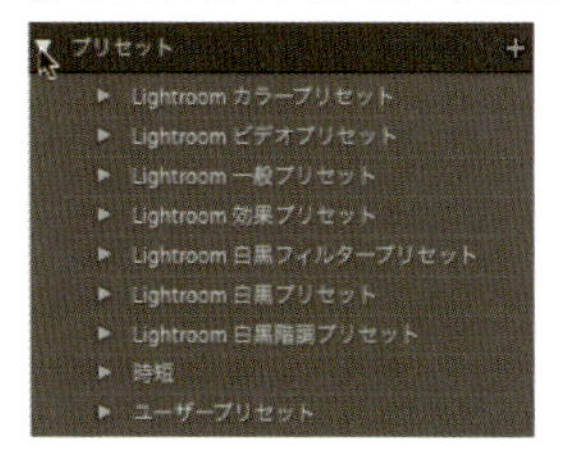

2 ジャンルごとにフォルダーに分かれているので、さらに▶をクリックして展開します。ここでは[Lightroom白黒プリセット]と[Lightroom白黒階調プリセット]を表示します。プリセット名にカーソルを合わせると、[ナビゲーター]パネルでどのように補正されるかをプレビューすることができます。

3 プリセットをクリックすると、登録されている補正が適用されます。非常に簡単です。ここでは[セピア調]を選びます。

4 [セピア調]では、図のように[トーンカーブ][B&W][明暗別色補正]に補正が加えられていることがわかります。

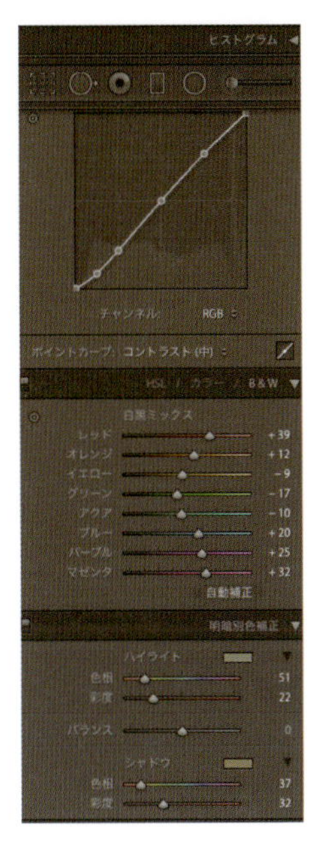

After 1

プリセット使用後に調整を加える

Before 2

1 白黒にするためにプリセットから[白黒スタイル4]を適用します。

白黒スタイル3
白黒スタイル4
白黒スタイル5

2 Kキーを押して[補正ブラシ]をアクティブにし、ブラシのサイズを人物に合わせて調整します。

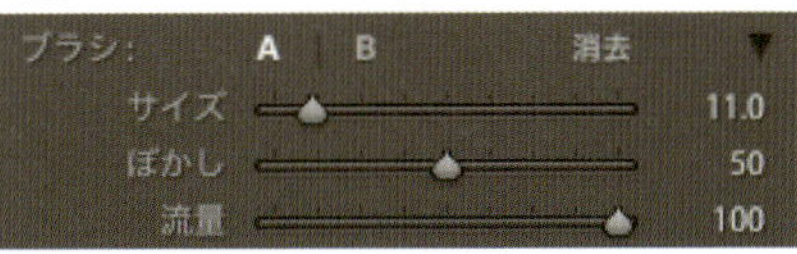

3 ［補正ブラシ］パネルで［露光量］をプラス補正して、人物が明るくなるようにブラシをかけます。

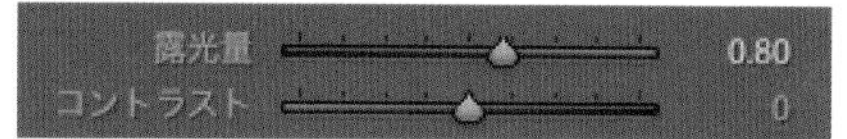

(Point)

プリセットは一連の調整機能の組み合わせなので、このように微調整を加えたり、使用されていない調整を追加して理想の現像に近づけていくことが可能です。

4 不自然にならないように［補正ブラシ］の［露光量］❶［コントラスト］❷［シャドウ］❸をプラス補正します。

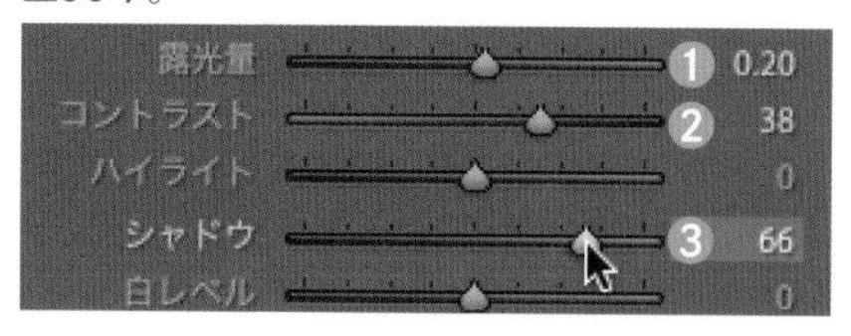

5 ［基本補正］パネルに戻り、全体の明るさを［露光量］で調整します。

6 若干不自然になったので人物の［補正ブラシ］に一度戻って［シャドウ］の補正を減らし❶、［基本補正］パネルの［露光量］をさらにプラス補正しました❷。

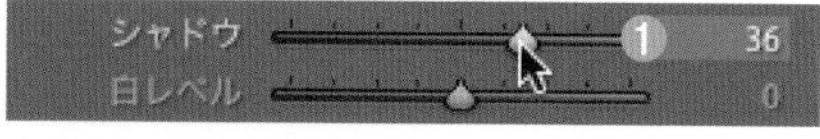

After 2

Tip 58

HDR 写真の作成

[写真を結合]の[HDR]を利用して作成する

明るいところから暗いところまで、人間の目で見ているかのようにディテールが再現されているHDR写真を作成することが可能です。カメラをしっかり固定して露出ブラケットで撮影しておけば、合成自体は簡単です。

Before

1 HDR写真の作成には撮影時からの準備が必要になります。撮影時に露出をアンダーからオーバーまでバラして何枚か撮影しておきます（図では5枚用意）。ライブラリで[Shift]キーを押しながら合成するすべての素材写真を選択します。

2 [Control]+[H]キーを押して[写真]メニューの[写真を結合]→[HDR]を選択します。

写真 メタデータ 表示 ウィンドウ ヘルプ
写真を結合 ▶ HDR... ^H
パノラマ... ^M
スタック ▶

3 ［HDR結合プレビュー］ウインドウが開くので、［HDRオプション］の［自動整列］❶と［自動設定］❷にチェックします。［自動設定］は合成後の［基本補正］パネルの各パラメータを自動設定してくれます。プレビューで仕上がりが予想できます。

(Point)

［自動整列］は手持ち撮影でフレームが微妙に動いている場合にも、自動的に被写体の位置を合わせてくれる機能です。三脚を使ってカメラをしっかり固定して撮影していれば必要ありません。

4 ［ゴースト除去量］は風などで被写体が動いた場合、歩行者が写っていて1枚ずつ位置が移動している場合などに、不自然にならないようになじませてくれるオプションです。状況に応じて強度を調整します。ここでは［中］を選択しました。

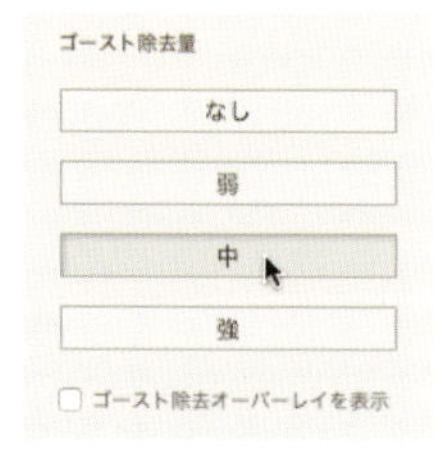

5 ［結合］をクリックすると合成がスタートしてライブラリモジュールに戻ります。進行状況は左上のプログレスバーで確認できます。

6 HDR合成された画像はDNG形式のRAWデータとして保存され、ライブラリに自動的に追加されます。選択されていない写真が合成されたものです。

7 HDR画像を選択して[D]キーを押して現像モジュールに入ると、［基本補正］パネルのパラメータが自動設定されていることが確認できます。望むイメージになるようにさらに補正を加えていきましょう。ここでは［シャドウ］をさらにプラス補正してHDRっぽい仕上がりにしてみました。

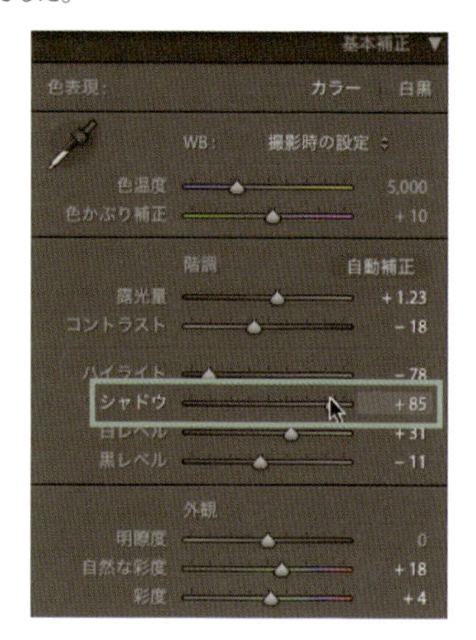

After

Tip 59

建物のゆがみを補正する

[プロファイル補正]が使えれば自動で補正 プレビューを見ながら手動での補正も可能

最近のレンズは高性能で歪みも少ないですが、それでも直線が歪んで写ってしまうレンズはまだまだあります。建築物などのゆがみが目立つ被写体の場合にはしっかり補正を行ないたいものです。

Before

1 Ⓓキーを押して現像モジュールに入り、[レンズ補正]パネルを展開して表示します。[プロファイル補正を使用]にチェックします。

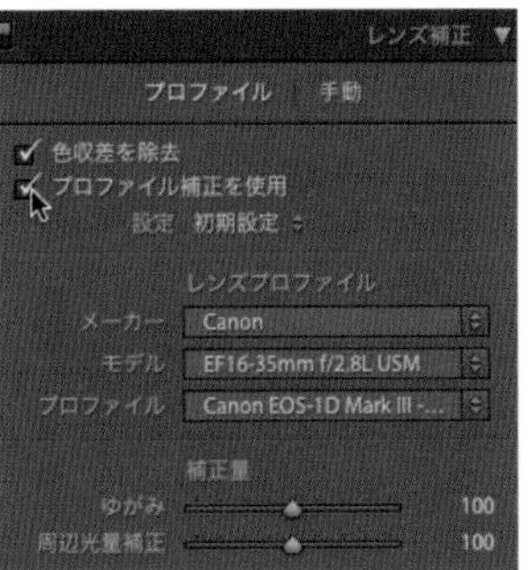

2 RAWデータに含まれているカメラやレンズの情報に基づいて[レンズプロファイル]の[メーカー][モデル][プロファイル]が設定され、ゆがみなどの収差が補正されたことがプレビューで確認できます。[補正量]で[ゆがみ]や[周辺光量補正]の効果は調整できます。収差を補正するときは[色収差を補正]にも忘れずにチェックを入れておきましょう。

3 ［メーカー］［レンズ］［プロファイル］はポップアップメニューで手動設定することもできます。プロファイルが設定されなかった場合や、正しいプロファイルが選択されなかった場合には手動で設定します。［プロファイル］に正しいカメラ名が登録されていない場合は、正しいレンズを選択できるプロファイルを選択して、そこから微調整を加えていくという方法をとるといいでしょう。

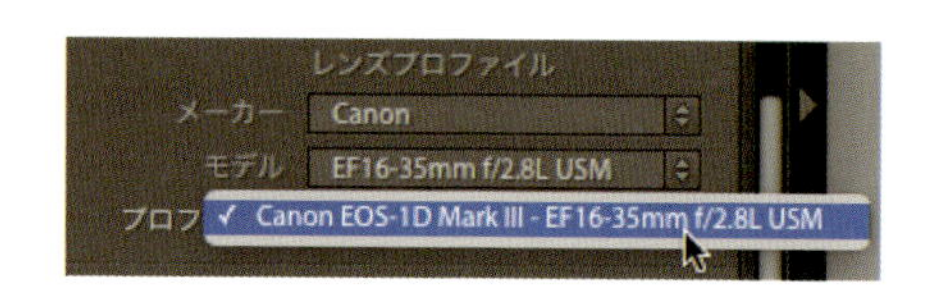

使用しているレンズのプロファイルが見つからない場合、自作することも可能です。レンズプロファイルの作成にはAdobeから無償で提供されているアプリ「Adobe Lens Profile Creator」が必要になるので、興味がある人は入手して利用してみてください。プロファイルのない古いレンズを使っているような場合には役に立つかもしれません。ただしプロファイルの作成は結構な手間がかかるので、あまり頻繁に使わないレンズであれば、その都度手動で補正を行なったほうがいいでしょう。

Adobe Lens Profile Creatorは、下記URLからOSに応じてダウンロードリンクをクリックして入手します。展開すると図のような構成内容で、「documentation」フォルダーにPDFで使い方の解説があります。ローカライズされておらず表記はすべて英語ですので、Webサービスなどで翻訳しながら作業方法を理解してください。

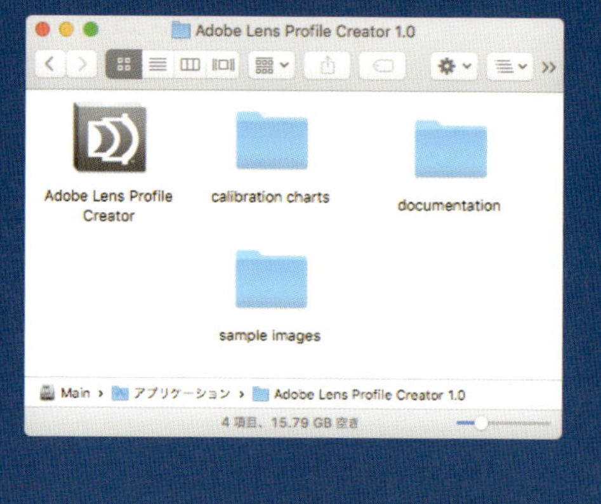

ここでは使い方は詳しく説明しませんが、「calibration charts」フォルダーに入っているさまざまなチェッカーボードから適切なものを印刷して均一な照明を当てて、画角の中央・上下・左右・四隅などに配置して、対象のレンズとカメラで何度も複写撮影します。単焦点レンズでも撮影距離を変えたり、ズームレンズでは焦点距離ごとに行なうなど、かなり根気がいる作業になります。撮影したRAWデータをLightroomでDNG形式に変換してAdobe Lens Profile Creatorに読み込み、チェッカーボードの情報などを入力してプロファイルを作成していきます。

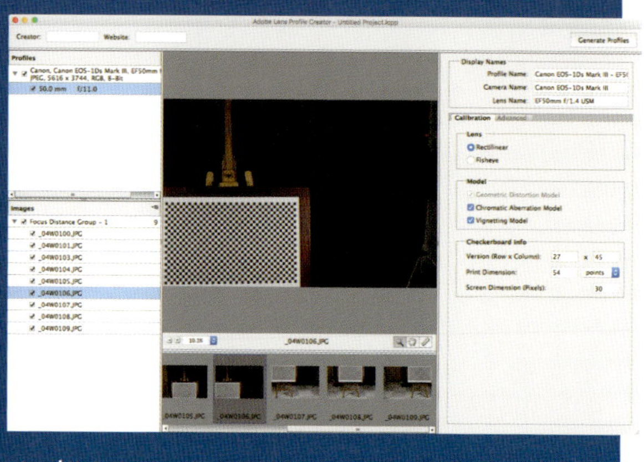

https://helpx.adobe.com/jp/photoshop/digital-negative.html#Adobe_Lens_Profile_Creator

手動での補正

1 手動でゆがみを補正する場合は、[レンズ補正]で[手動]を選択します❶。[ゆがみ]の[適用量]スライダーを操作して補正を行ないます❷。この写真では樽型に膨らんでいたのでプラス補正をしてゆがみを消しています。

2 補正にともなって周囲に余白ができてしまう場合には、[切り抜きを制限]にチェックを入れます。若干周囲がトリミングされますが、余白はなくなります。

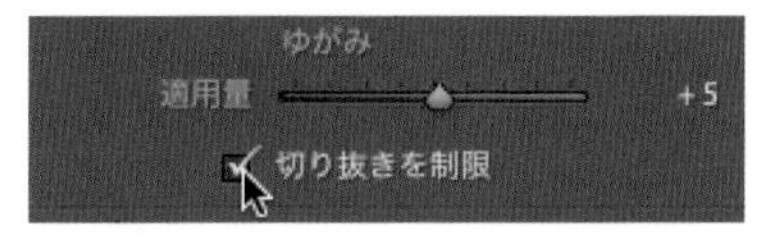

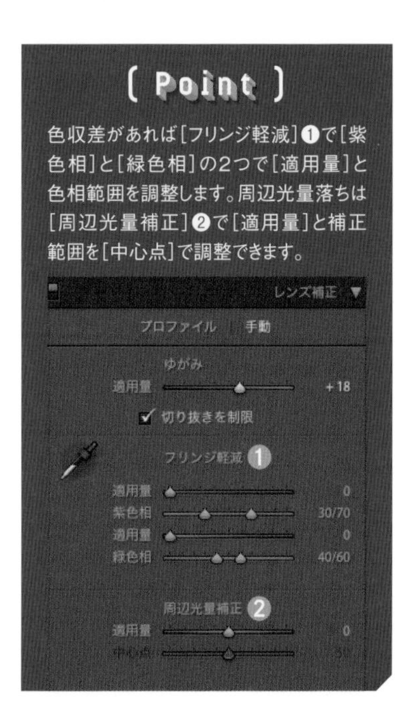

(Point)

色収差があれば[フリンジ軽減]❶で[紫色相]と[緑色相]の2つで[適用量]と色相範囲を調整します。周辺光量落ちは[周辺光量補正]❷で[適用量]と補正範囲を[中心点]で調整できます。

After

Tip
60

現実には見られない不思議なイメージに

[明瞭度]や[かすみの除去]を活用して変化させる

強く効果を加えると変わった印象になるパラメータを利用して、イラストのような非現実的なイメージを作り上げてみましょう。

Before

妖しくハードな感じにする

1 Dキーを押して現像モジュールに入り、[効果]パネルを展開して表示します。[かすみの除去]をプラス補正し、最大の+100にします。

かすみの除去
適用量 +100

2 [基本補正]パネルを表示し、[明瞭度]を+100に補正します❶。細部がはっきりとして明暗が強調され、雪なのにハードな印象になってきます。[彩度]をプラス補正してすると❷、全体がブルー系になり、より非現実的な妖しい雰囲気になります。

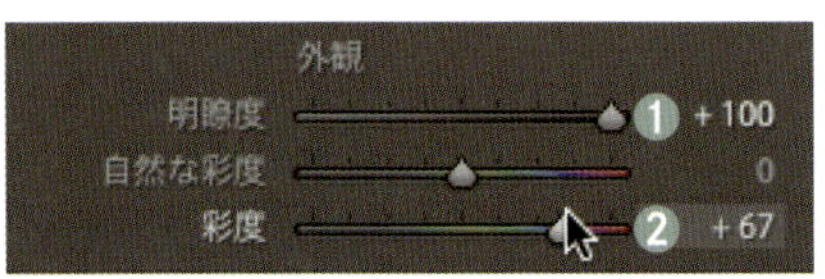

After 1

ソフトで幻想的にする

1 同じ元写真を[かすみの除去]を+100補正したあと、[明瞭度]を逆に−100に補正します❶。[彩度]をプラス補正して❷色を鮮やかにします。

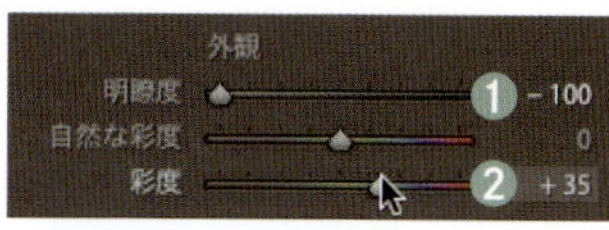

2 [白レベル]をプラス補正して全体を明るくし、雪面に光が走っているような印象にしました。上とは対照的な柔らかくキラキラした雰囲気になります。

After 2

〔 Part 〕

5

書き出し・プリントの効率化

Tip 61

用途別に書き出しプリセットを作成しよう

[書き出し]で各項目を設定して使い分ける

ライブラリモジュールの［書き出し］ボタンで表示される［ファイルを書き出し］ダイアログボックスでは、ファイルを書き出すときのさまざまな設定が行なえます。頻繁に同じ設定で出力する場合には、その設定をプリセットとして保存しておくと毎回設定し直す手間が省けます。

[ファイルを書き出し]ダイアログボックスでは右側で各種の書き出し設定を行ないます。左側に[プリセット]があり、右側で行なったすべての設定に名前をつけて保存できます。仕事で毎回同じサイズ、ファイル形式で書き出すなどのルーティン作業があれば手間が省けるので、上手に使いこなしましょう。

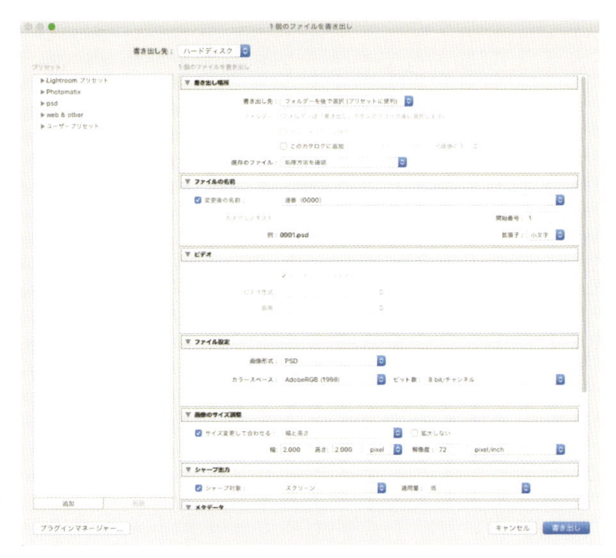

書き出し場所

ファイルを保存する場所を設定します。

[書き出し先]

通常は[フォルダーを後で選択]にしておき、実行時に選択すると便利です。仕事などで必ず同じ場所に書き出すことを決めている場合は、そのフォルダーを選択しておきます。

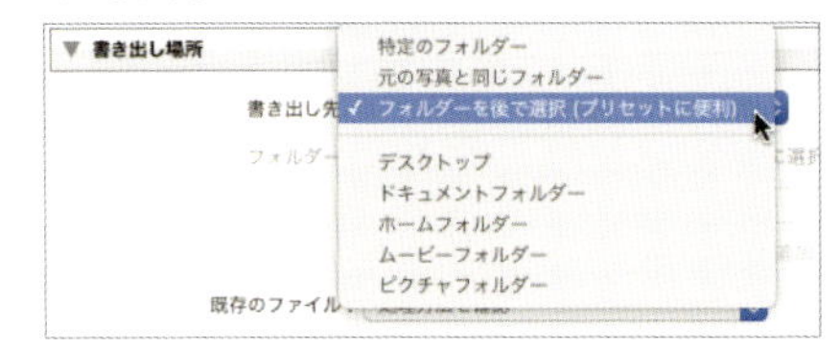

[既存のファイル]

選択した保存先に同じファイル名の画像がすでに存在した場合の処理方法を設定します。[処理方法を確認]に設定しておくと確認ダイアログボックスが表示されるので、間違えて上書きして元からある画像を消してしまうトラブルが防げます。

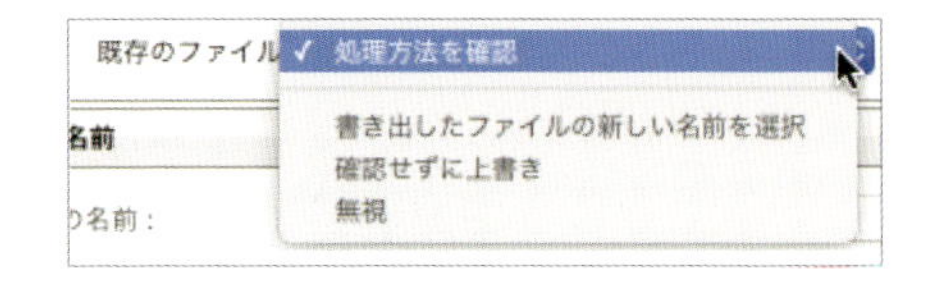

ファイルの名前

書き出す画像のファイル名を柔軟に設定できます。

連番にしたり、ファイル名に日付を追加したり、カスタムのフレーズを追加したりすることが可能です。仕事の内容をカスタム名として追加する使い方が便利でしょう。

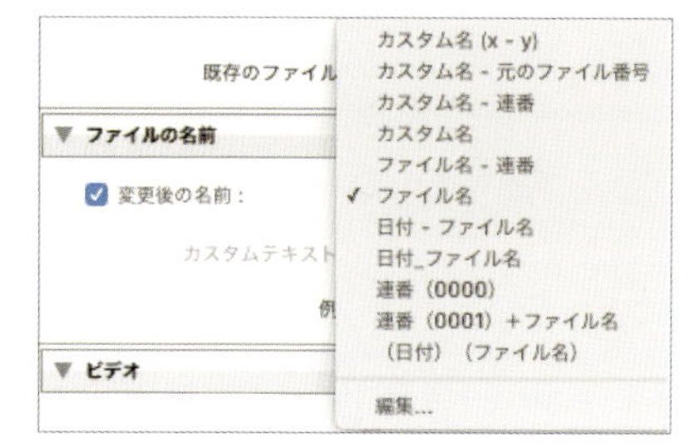

ビデオ

動画書き出し時のファイル形式と画質が設定できます。静止画を選択しているときは薄く表示されていて選択できません。

ファイル設定

書き出す画像のファイル形式、カラースペースなどを選択します。

ファイル形式はJPEG・PSD（Photoshop形式）・TIFF・DNG（Adobe提唱のRAWデータ形式）および元画像が選択できます。このほか、JPEGでは画質とファイルサイズ制限、PSDではビット数、TIFFは圧縮の有無とビット数、透明部分の保持が、DNGでは互換性やJPEGプレビューのサイズなどが設定できるようになっています。

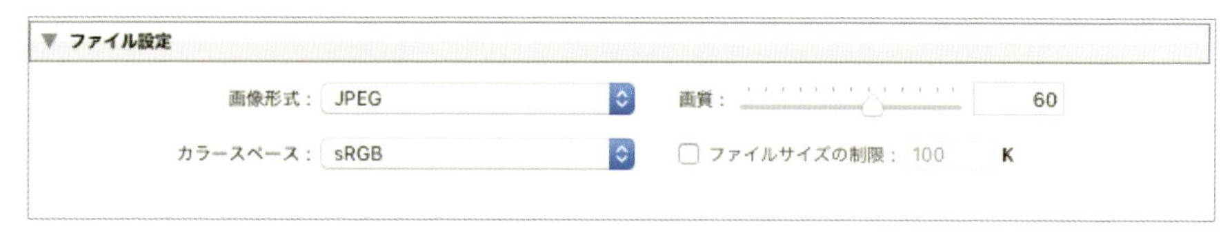

画像のサイズ調整

書き出す画像の幅や高さ、解像度をリサイズすることができる設定です。

Web用に小さなサイズにしたり、大きなサイズで印刷するために拡大したりといった作業を別のアプリケーションを使わずに行なうことができます。あとの作業の時短にもなります。

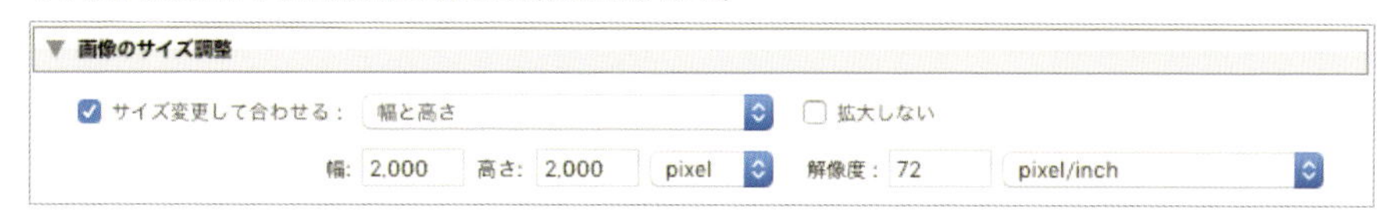

長辺・短辺・比率（何%か）・メガピクセル（全体のピクセル数）などで指定してリサイズすることができるようになっています。[幅と高さ]は設定したピクセル数になるように拡大／縮小できる設定で、幅と高さ両方に同じ数値を設定しておくと、縦横どちらの写真も長辺側が設定した数値になるようにリサイズしてくれるので便利です。

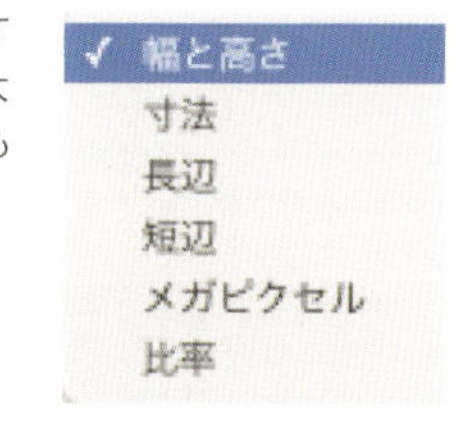

シャープ出力

シャープネスの設定が行なえます。

ただしPhotoshopなどのグラフィックアプリケーションほど細かな設定は用意されておらず、スクリーン・マット紙・光沢紙の3種に、弱・標準・強の3段階が設定できるだけなので、Web用の写真に[スクリーン]を使う程度にしておくのが無難でしょう。

メタデータ

画像ファイルに埋め込むメタデータの種類を制限することができます。

カメラや使用レンズ、露出値などの撮影情報を埋め込みたくない場合や、著作権情報以外はいらないなど、用途に合わせて選択することで、余計なメタデータを埋め込まずに書き出せます。Web上にアップする際には、[著作権情報および問い合わせ先のみ]を選択しておくといいでしょう。

✓ 著作権情報のみ
著作権情報および問い合わせ先のみ
Camera Raw 情報以外のすべて
カメラおよび Camera Raw 情報以外のすべて
すべてのメタデータ

透かし

写真にクレジットなどの情報を透かしとして載せることができます。形式はユーザーが自由に編集できるので、登録しておきましょう。

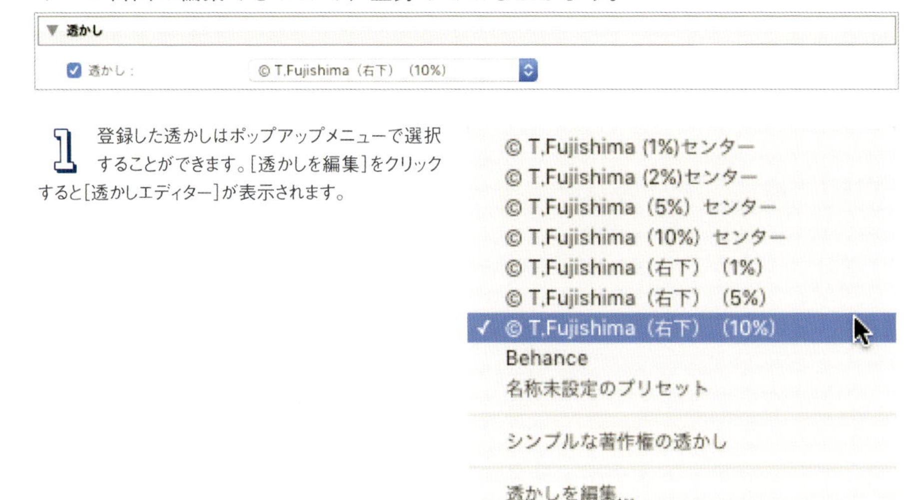

1 登録した透かしはポップアップメニューで選択することができます。[透かしを編集]をクリックすると[透かしエディター]が表示されます。

2 ［透かしのスタイル］で透かしにテキストを使用するか、既存の画像を使用するかを選択できます❶。ロゴなどがある場合は画像を用意しておき、［画像オプション］で透かしに使用する画像を選択すると❷自動的に［グラフィック］に設定されます。［テキストオプション］では透かしにするテキストのフォント・スタイル・シャドウなどを設定します❸。テキストはプレビュー下部の入力エリアに打ち込みます❹。［透かしの効果］で透かしの不透明度・サイズ・位置などが調整できます❺。左のプレビューで仕上がりを確認しながら設定していきましょう❻。設定が完了したら左上のポップアップメニュー❼をクリックし、［現在の設定を新規プリセットとして保存］を選択し、わかりやすい名前をつけて保存します。

後処理

現像が完了してからどのような動作をするかが設定できます。

［書き出し後］のポップアップメニューでは［なにもしない］や［Photoshopで開く］などの動作が設定できるようになっています。現像後に必ずPhotoshopやその他のアプリで後処理を行なうのであれば設定しておくといいでしょう。

プリセットの保存

すべての設定が完了したら［プリセット］の下にある［追加］をクリックします❶。［新規プリセット］ダイアログが表示されるので、わかりやすいプリセット名をつけて保存します❷。次回からは、作成したプリセットをプリセットリストから選んで使用できるようになります。

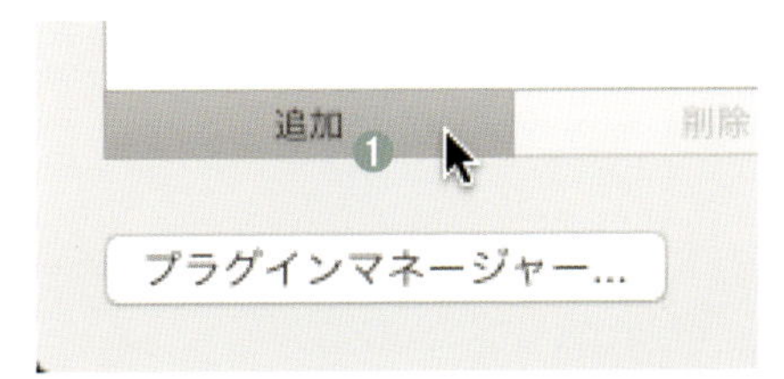

プリセットを使いやすく整理する

用途でフォルダー分けしておけば間違いなく実行できる

用途にあわせて書き出しプリセットを複数登録しておくと便利ですが、その際ルールを決めてフォルダーで分けておくと、目的のプリセットを探すしやすくなります。プリセット欄で作成したフォルダーの▶をクリックして展開すると、その下に振り分けたプリセットがインデントされた状態で並ぶので、どのプリセットがどの用途なのかがわかりやすくなり、似たような名前のプリセットを誤って実行して時間を無駄にすることを防げます。

1 プリセットをどのフィルダーに保存するかは、プリセットを作成する際に[新規プリセット]ダイアログボックスの[フォルダー]で選択することができます。登録したいフォルダーがすでにあれば、この中から選択します。

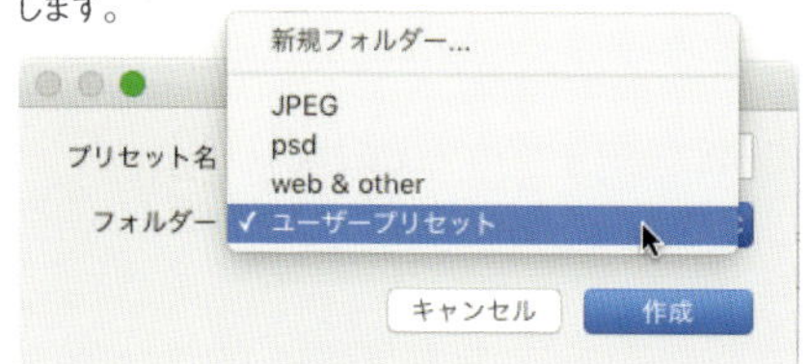

2 [新規フォルダー]を選択すると[新規フォルダー]ダイアログボックスが表示されるので、[フォルダー名]で適した名前をつけて[作成]をクリックするとフォルダーが追加されます。

3 フォルダーに登録されたプリセットは、フォルダー名の左の▼をクリックすることで表示／非表示が切り替わります。頻繁に使わないけれど必要なプリセットはクリックして横向き▶にして、通常は非表示にしておくといいでしょう。

プリセット：
▶Lightroom プリセット
▼JPEG
2000pix AdobeRGB
3000pix AdobeRGB
4000pix AdobeRGB
no resize AdobeRGB JPEG
▶Photomatix
▼psd
1000pix AdobeRGB psd
2000pix AdobeRGB psd
3000pix AdobeRGB psd
4000pix AdobeRGB psd
no resize AdobeRGB psd
▼web & other
Behance
fecebook cover
portfolio toppage
Web site top
クレジット センター（640pix）
クレジット入り（640pix）
クレジット入り（1000pix）

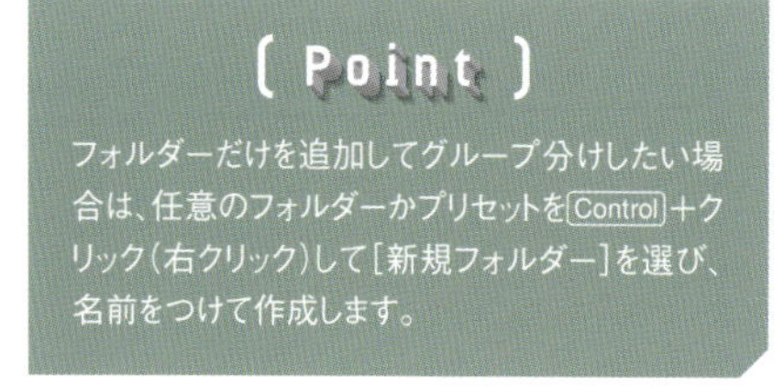

4 登録するフォルダーを間違えても、ドラッグ&ドロップで別のフォルダーへプリセットを移動することができます。デフォルトの[ユーザープリセット]では用途がわかりにくいので、わかりやすい名前のフォルダーを作って移動するといいでしょう。

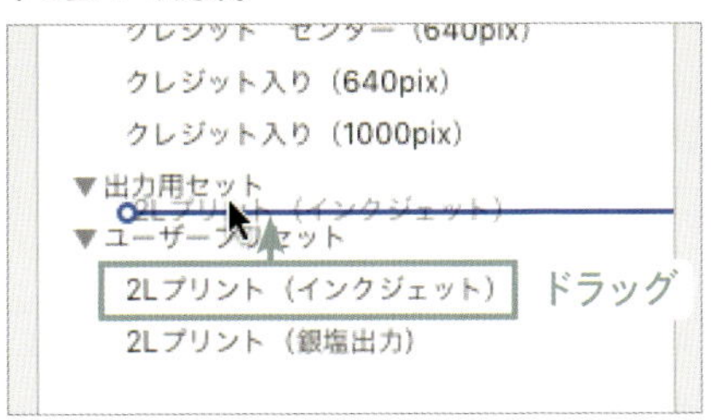

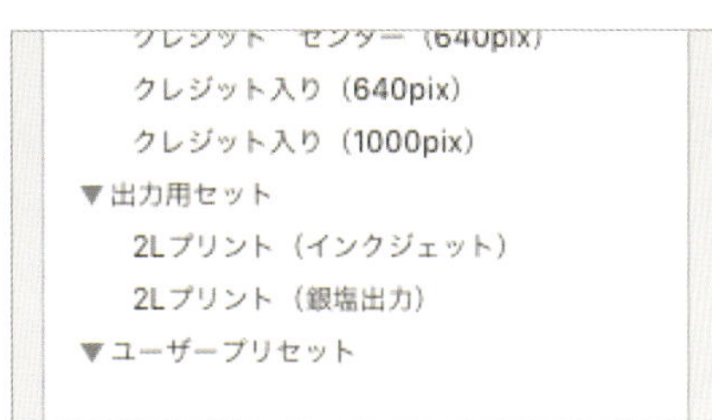

5 フォルダーの名前を変えたいときは、Control＋クリック（右クリック）して[名前変更]を選び❶、[フォルダー名を変更]ダイアログを表示して新しい名前や正しい名前を入力します❷。

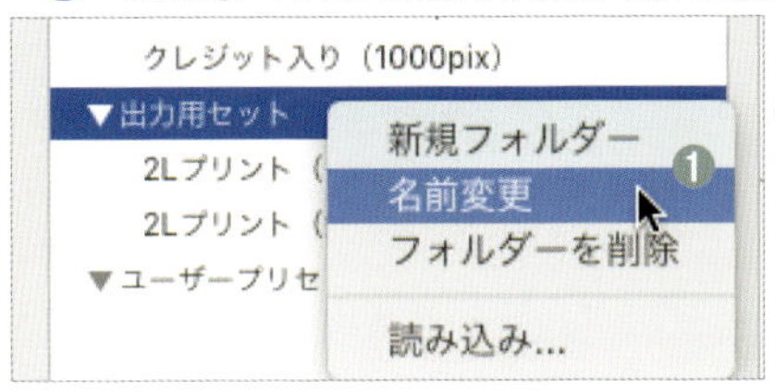

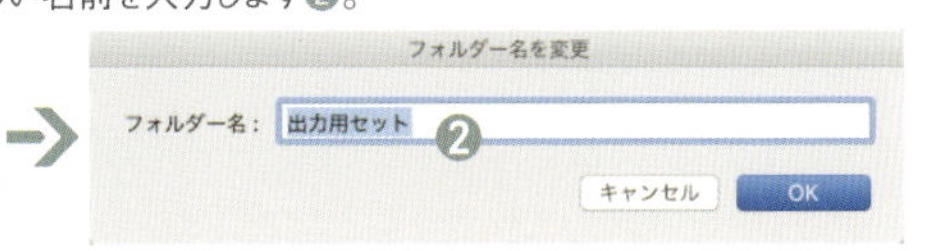

6 不要になったフォルダーを削除するには、選択してハイライト表示し❶、[削除]をクリックします❷。このとき、フォルダーに登録されているプリセットも削除されるので注意が必要です。

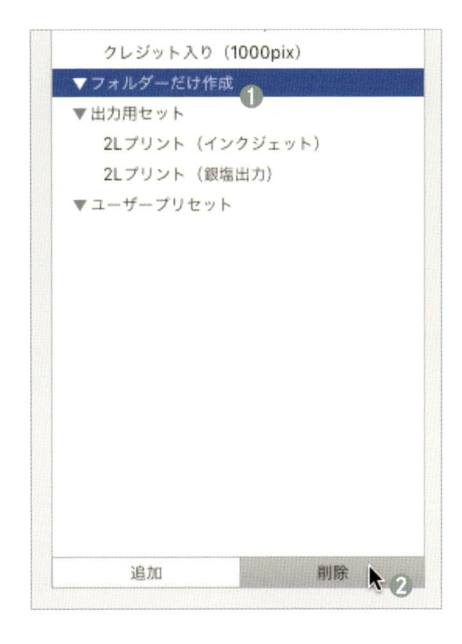

Point

ここでは[書き出し]のプリセットで紹介しましたが、フォルダーの整理方法は、Lightroomではかにも使用されるプリセットで共通です。また、Tip64で紹介するテンプレートの場合も同様にできます。

コンタクトシートを使って画像を比較する

［プリント］モジュールで JPEG画像を作成して共有する

出版物の制作などで多人数で写真を検討したいとき、候補に上がっている写真を一覧で比較できるコンタクトシートを作るといいでしょう。プリントアウトして全員で集まって見たり、ファイル容量の小さいJPEGデータで送って各人のモニタで見て検討してもらうことができます。

1 ライブラリモジュールで比較したい候補写真を選択します。連続していない場合は⌘＋クリックで複数の写真を選択します。

2 ⌘＋Option＋6でプリントモジュールに移動します。右側の［レイアウト］パネルにある［ページグリッド］の［行］と［列］を設定して一度に表示する写真の点数を設定します。1枚に多くの写真を並べると、その分写真が小さくなって比較しにくくなるので注意しましょう。

(Point)

ポートレートでモデルといっしょに写真を選択したいときにも、表情がわかるサイズでコンタクトシートを作れば便利です。

3 ［ページ］パネルにある［写真情報］にチェックを入れ❶、右側のポップアップメニューは［ファイル名］にしておきます❷。これで写真の下にファイル名が表示されます。［フォントサイズ］❸で文字の大きさを変更できます。大きくしすぎると写真が小さくなるのでバランスを考えて設定します。

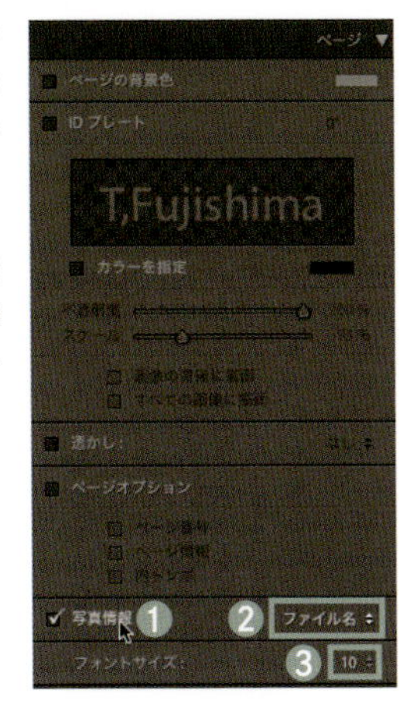

4 ここではデータで送るために［プリントジョブ］パネルの［出力先］で［JPEGファイル］選択します❶。ファイル容量が大きくなると扱いにくいので［解像度］は200ppi程度❷、画質ができる限り落ちないように［JPEG画質］は100にします❸。

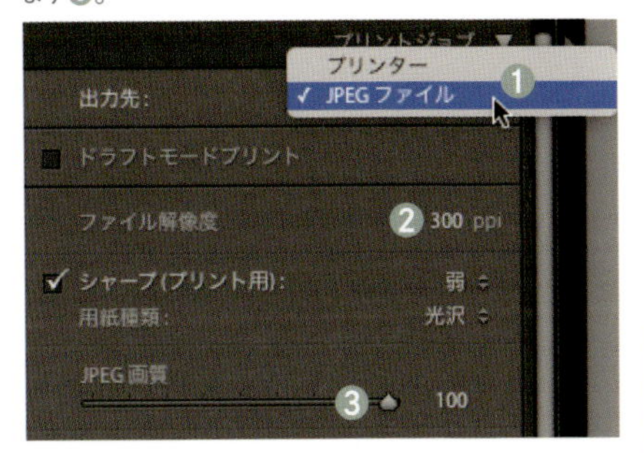

5 ［カラーマネージメント］の［プロファイル］は作成されるJPEGファイルの色味を決定する重要な項目です。カラーマネージメントがきちんと行なわれている職場であれば、それに合わせてプロファイルを選択しましょう。

6 設定できたら［ファイルへ出力］をクリックし、表示されるダイアログボックスでわかりやすい名前をつけて保存します。あとはメール添付などで各人に配れば、何人でも、離れていても写真の比較をしてもらうことができます。

(Point)

次項で紹介するテンプレートにもコンタクトシートの設定が数種類用意されているので、それを利用してもいいでしょう。

よく使うプリント形式をテンプレートにする

用紙サイズや余白などを すばやく変更してプリントできる

プリントモジュールには、使用頻度が高いプリント形式を保存しておけるテンプレート機能が用意されています。毎回細かいレイアウト設定をする必要なく、用途に応じた複数のレイアウトを切り替えてプリントできます。オリジナルのテンプレートを作りたいなら、既存のテンプレートをアレンジすると効率的です。

1 プリントモジュールの左側[テンプレートブラウザー]パネルにある[Lightroomテンプレート]フォルダー左の▶をクリックして展開すると、あらかじめ用意されているテンプレートが表示されます。

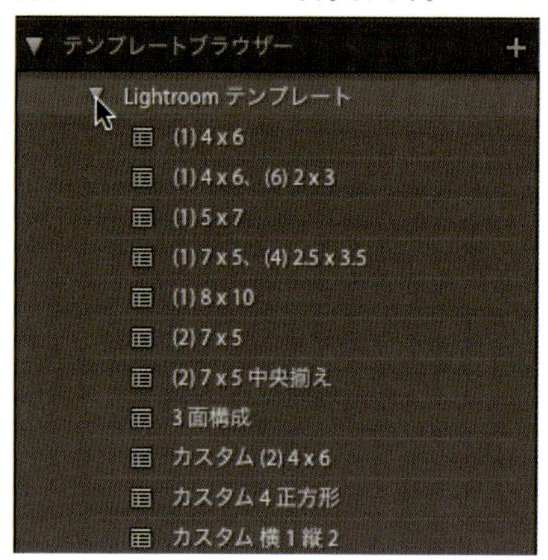

2 ここでは1枚の写真を中央にプリントする設定を作ってみましょう。一番下にある[枠線付き1面(大)]をクリックします。図のように写真が中央に配置され枠線がつけられたレイアウトが表示されます。

3 レイアウトを好みに変更していきます。変更はリアルタイムにプレビューで確認できます。枠線はいらないので、右側の[現在の画像用の設定]パネルにある[枠線を描画]のチェックを外します。

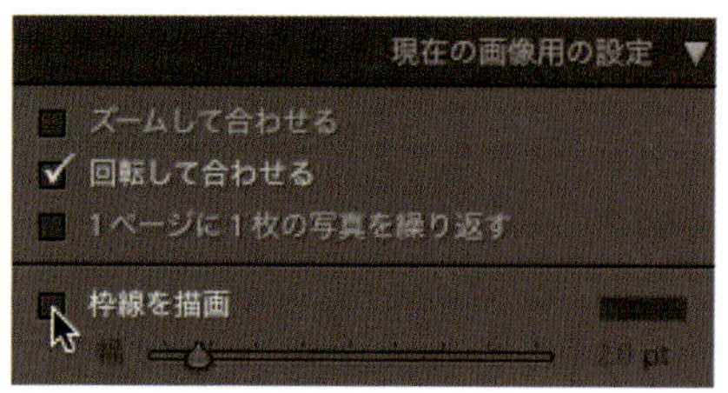

4 周囲の余白を小さくしたいので、[レイアウト]パネルの[マージン]で[左]の数値を小さくします。

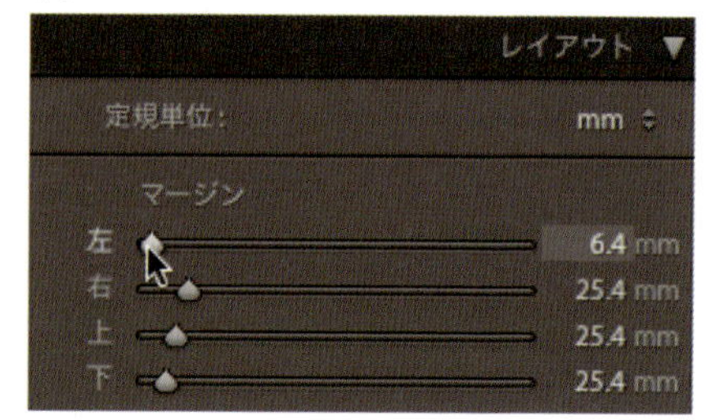

5

余白が減った分だけ写真を大きくするために、[レイアウト]パネルの[セルの大きさ]を調整します。[高さ]も[幅]も最大にして印刷範囲いっぱいに大きくします。

6

一般的なカラープリンターは設定可能な天地の余白に差があるため、プレビューの写真が上に寄っています。中央にくるように[マージン]の[上]と[下]を大きいほうの数値に合わせます。これでオリジナルレイアウトが完成です。

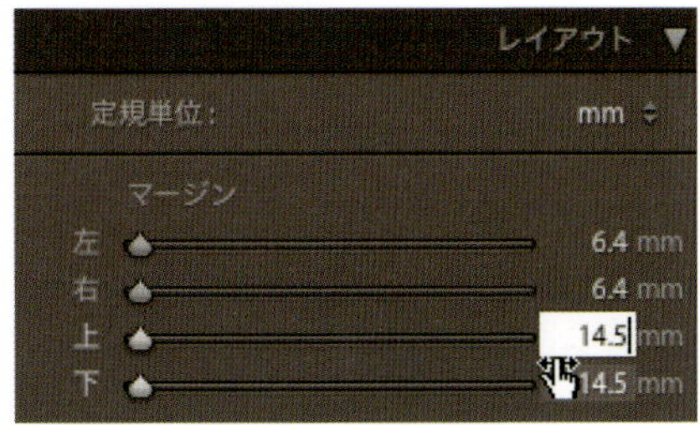

7

テンプレートとして保存します。左側の[テンプレートブラウザー]パネル右上にある[+]をクリックして❶、表示される[新規テンプレート]ダイアログボックスで[テンプレート名]にわかりやすい名前をつけて❷保存します。

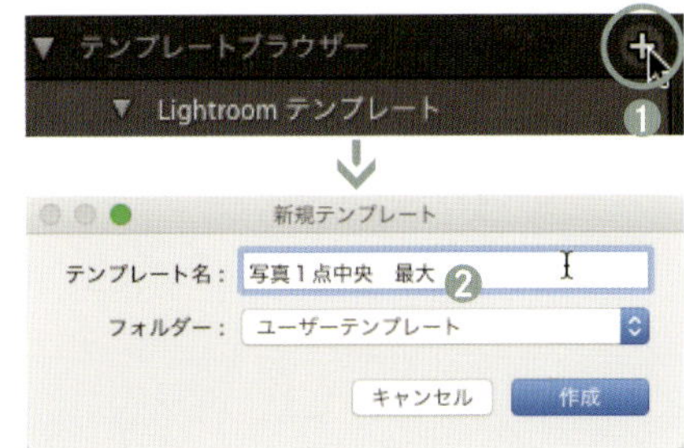

8

[ユーザーテンプレート]フォルダーの▶をクリックして展開すると、保存したテンプレートが表示されます。用途別にテンプレートを用意して、フォルダーを作って整理しておくといいでしょう(Tip62参照)。オリジナルテンプレートを元にさらに少し設定を変えた別のテンプレートを作ることもできます。

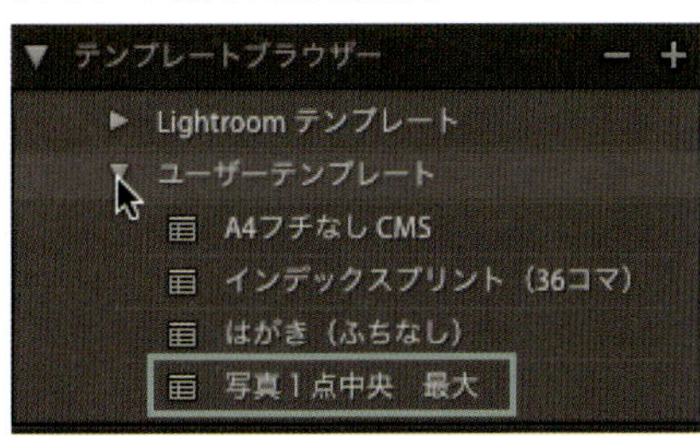

[RAW現像でよく使うショートカットキー一覧]

Lightroom Classic CC（v7.1）での設定です。
それ以前のバージョンのLightroomでは異なる場合があります。

⌘+Z	（直前の操作を）取り消す（アンドゥ）
⌘+Shift+Z	取り消した操作をやり直す
⌘+,	[環境設定]ダイアログボックスを表示

⌘+Shift+I	写真を読み込み
⌘+Shift+E	写真を書き出し
⌘+Shift+O	カタログを開く

⌘+Option+1	ライブラリモジュールに移動
⌘+Option+2	現像モジュールに移動
⌘+Option+6	プリントモジュールに移動

G	ライブラリのグリッド表示
E	ライブラリのルーペ表示

D	選択写真を現像モジュールで開く
R	切り抜きツールを選択
P	スポット修正ツールを選択
K	補正ブラシツールを選択
M	段階フィルターツールを選択
Shift+M	円形フィルターツールを選択
W	ホワイトバランス選択ツールを選択
	※R～Wは、別モジュールがアクティブなときは自動的に現像モジュールに移動します。

F5	モジュールピッカーを表示／非表示
F6	フィルムストリップを表示／非表示
F7	左パネルを表示／非表示
F8	右パネルを表示／非表示
Tab	（左右）サイドパネルを表示／非表示